진노을 장난기를 과하게 탑재한 덕에 사건 사고를 몰고 다닌다. 어렸을 때부터 컴퓨터 다루기를 좋아했다. 공부에는 관심이 없지만, 수학과 과학 성적은 좋다. 국회의원 진영진의 아들로 금수저를 물고 태어났다. 지나치게 화려한 집안 환경 때문에 란희 외에는 진짜 친구가 없다.

임파랑 수학특성화중학교 수석 입학자로 공부가 제일 쉬웠다. 취미는 수학이고 우울할 때 수학 문제를 푼다. 정답이 없는 걸 싫어한다. 그중에서도 친구 사이의 관계, 감정과 관련한 부분이 가장 어렵다.

허란희 노을의 소꿉친구. 아버지가 노을의 집에서 20년째 운전기사 일을 하고 있다. 그래서 어렸을 때부터 노을의 뒤치다꺼리를 했다. 이 학교도 사고를 몰고 다니는 노을의 감시자로 들어온 셈. 발랄한 다혈질 캐릭터로 외로워도 슬퍼도 울지 않는다.

박태수 있는 집 자식이다. 덕분에 으스대며 초등학교 생활을 했다. 아무도 태수를 건드리지 않았고, 승부욕이 과해 공부도 잘했다. 하지만 파랑 때문에 1등은 단 한 번도 해 보지 못했다. 그것이 항상 스트레스였다. 더욱 열 받는 것은 파랑은 자신을 신경쓰지도 않는다는 것이다. 파랑을 이기고 싶어서 수학특성화중학교에 들어왔다.

한아름 란희의 짝꿍이다. 그림에 재주가 있다. 평소에는 조용하고 수줍음 많은 소녀지만, 아이돌 가수 유리수와 관련된 일에는 돌변한다. 아름의 세상은 유리수를 중심으로 돌아간다. 수학특성화중학교에 들어온 것도 유리수 때문이다. 그런데 컴퓨터부 교사한테서 자꾸만 유리수의 향기가 난다.

정태팔 수학 심화반 교사다. 고지식하고 고리타분하며 고집불통이다. 전에 근무하던 학교에서도 늘 비호감 교사 1위를 독점했다. 새로 발령받은 수학특성화중학교에서 고등학교 동창이자 잊고 싶은 기억인 류건을 만나게 된다.

김연주 수학 기초반 교사이자 주인공들의 담임이다. 청순가련에 조신한 그야말로 여신이다. 수학특성화중학교 대표 첫사랑 등극 예정인 그녀. 그런데 그녀에겐 감춰야 할 비밀이 있다.

류건 방과 후 컴퓨터 교사. 김연주와 함께 비밀을 간직한 신비주의 캐릭터다. 노을과 계속 엮이면서 사건을 주도하는 인물이기도 하다. 훤칠한 키에 아이돌 가수 유리수를 닮은 외모로 여자아이들에게 인기가 많지만, 정작 본인은 눈치채지 못하고 있다.

수학특성화중학교
❶ 열네 살의 위험한 방정식

초판 1쇄 펴냄 2015년 12월 24일
    20쇄 펴냄 2024년 4월 8일

지은이 이윤원 김주회
창작 기획 이세원

펴낸이 고영은 박미숙
펴낸곳 뜨인돌출판(주) | 출판등록 1994.10.11.(제406-251002011000185호)
주소 10881 경기도 파주시 회동길 337-9
홈페이지 www.ddstone.com | 블로그 blog.naver.com/ddstone1994
페이스북 www.facebook.com/ddstone1994 | 인스타그램 @ddstone_books
대표전화 02-337-5252 | 팩스 031-947-5868

ⓒ 2015 이윤원, 김주회

ISBN 978-89-5807-591-2 04410

수학특성화중학교

① 열네 살의 위험한 방정식

뜨인돌

1장

열네 살 그리고 시작

차가운 바람과 따뜻한 바람

수학특성화중학교 입학식 현수막이 걸린 교문 앞에 검은색 자동차 한 대가 멈춰 섰다. 차 뒷좌석 문을 열고 내린 소년은 노을이었다. 장난기 어린 표정으로 주변을 두리번거리는 노을의 입에서 하얀 입김이 새어 나왔다. 3월이지만 아직 쌀쌀했다.

"으~ 춥다."

보조석에 타고 있던 란희도 차에서 내리며 차가운 바람에 몸을 움츠렸다.

드디어 입학식이다. 한국과학고등학교가 있던 자리에 새로 설립된 국립 수학특성화중학교는 특별전형, 일반전형, 지역구민전형 세 가지 전형으로 첫 신입생 120명을 뽑았다. 토론 수업과 다양한 교과 외 활동을 통해 창의적 수학 인재를 키우겠다는 목표 아래 전원 기숙사제로 운영될 예정이었다.

현수막을 올려다보던 노을의 얼굴에 미소가 걸렸다. 어느새 옆에 다가온 란희가 노을의 뒤통수를 픽, 소리 나도록 때렸다.

"뭐 해? 짐 안 내리고."

"야, 머리 때리지 말랬지!"

노을은 투덜거렸지만, 이런 상황이 익숙한지 자연스럽게 차 트렁크 쪽으로 향했다.

"정신 좀 차리라고."

란희가 한마디를 더 보탰다.

노을은 차 트렁크에서 여행 가방 두 개를 끙끙거리며 내렸다. 그사이 란희는 운전석에서 내린 중년 남성을 향해 밝은 톤으로 말했다.

"아빠, 우리 들어가!"

"그래. 몸조심하고, 전화 자주 하고."

"응! 응!"

중년 남성은 란희에게 손을 흔들어 주고는 노을을 보며 인자하게 웃었다.

"도련님도 어서 들어가세요."

"네, 아저씨."

노을도 중년 남성에게 인사하고는 여행 가방 손잡이를 쥐었다. 둘은 나란히 기숙사 쪽으로 걸음을 옮겼다.

오늘은 이 학교의 제1회 입학식이 있는 날이다. 두 사람의 시야에 널찍한 잔디 운동장이 들어왔다. 기숙사로 향하는 이정표를 따라 걷다 보니 교복을 입은 아이들이 보였다. 새 교복, 새 가방,

새 운동화에 깔맞춤하듯 아이들도 새것처럼 반짝였다.

노을은 새삼 감동에 벅차올랐다.

"와우! 드디어 자유다!"

"너 솔직하게 말해. 밤새 게임하려고 기숙학교 들어온 거지?"

란희의 타박에 노을이 씩 웃었다.

"게임만 하겠냐."

"어휴. 3년 동안이나 네 뒤치다꺼리를 해야 하다니. 조용히 좀
다니자, 응?"

란희의 목소리가 낮게 깔렸다. 하지만 노을은 신경도 쓰지 않는
눈치였다.

"넌 내 뒤치다꺼리가 취미잖아. 수입도 짭짤하면서."

"그래도 수학은 진짜 취미 없다고! 수학중학교가 뭐냐. 난 이제
폭망했어."

완전 문과형 인간인 란희는 벌써부터 학교생활이 걱정이었다.
첫 신입생인 탓에 교과과정에 대한 정보도 거의 없어서 부담이
더 컸다.

"수업 못 따라가면 내가 가르쳐 줄게. 나님만 믿어."

노을의 말에 란희가 눈을 가늘게 치떴다.

"지금 누나한테 개그하냐? 이제 가라."

"응?"

"여자 기숙사 가게? 넌 저쪽. 난 이쪽."

란희가 손을 휘이휘이 젓자, 노을은 남자 기숙사 쪽으로 방향을 틀었다.

붉은 벽돌로 지어진 기숙사는 고풍스러운 분위기를 물씬 풍겼다. 한국과학고등학교 때부터 기숙사로 쓰던 남자 기숙사와 여자 기숙사 건물은 서로 마주 보고 있는 구조였다. 쌍둥이처럼 닮은 두 건물 사이에 벤치가 줄지어 있고 담벼락에는 덩굴장미가 드리워져 있었다.

"뭐, 꽃 피면 예쁘긴 하겠네."

투덜거리던 란희도 기숙사 건물만큼은 마음에 드는 모양이었다. 멀어지던 노을이 뒤를 돌아보며 말했다.

"입학식 때 봐. 재밌는 거 보여 줄게."

"싫어. 보여 주지 마. 아무것도 하지 마!"

란희가 애타게 말했지만, 노을은 기대하라는 말을 남기고는 남자 기숙사를 향해 움직였다.

유리문을 밀고 들어가자 로비에 노트북 5대가 놓여 있었다. 몇몇 아이들이 그 앞에 서서 모니터를 들여다보고 있었다. 노을도 비어 있는 노트북 앞에 섰다. 모니터에는 네모 칸 3개가 떠 있고, 그 안에 숫자가 깜박거리며 빠른 속도로 바뀌고 있었다. 자세히 보니 1, 2, 3, 4가 차례로 돌아가고 있었다.

그 아래에 이름과 학번을 입력하는 칸이 있고 '엔터 키를 누르면 기숙사 방 호수 세 자리가 정해집니다'라고 적혀 있었다.

노을이 정보를 입력하고 엔터 키를 누르자 돌아가던 숫자가 멈췄다. 그 순간, 새로운 메시지 창이 튀어 올랐다.

— 121호로 결정하시겠습니까?

'첫 번째 숫자가 층수를 의미하는 거겠지. 1층은 전망이 별로니까 다시!'
'아니오' 버튼을 누르자, 새 창이 나타났다.

— 다음 문제를 풀면 방을 다시 선택할 수 있습니다. 기숙사는 총 4층이고 한 방에 2명씩 배정됩니다. 아직 배정이 완료된 방이 없다면 당신이 3층 방에 배정받을 확률은 몇 퍼센트일까요?

노을은 피식 웃었다.
'수학중학교다 이건가.'
각 칸에 1부터 4까지의 숫자들이 들어갈 수 있으니 가능한 경우의 수는 $4 \times 4 \times 4 = 64$로 총 64가지다. 3층은 맨 앞자리가 3으로 정해졌으니 $4 \times 4 = 16$, 16개의 방이 가능하다. 그렇다면 $\frac{16}{64} \times 100 = 25$, 25% 확률로 3층에 배정받게 된다. 빈칸에 25를 치자, 다시 숫자판이 돌아갔다.
노을은 다시 엔터 키를 눌렀다. 그러자 '201호, 진노을'이라는 문구가 화면에 나타났다. 4층이 나올 때까지 해 볼까 하다가 그만 두기로 했다. 전망 때문에 매일 4층까지 오르내리는 건 체력 낭비니까.

노을은 201호를 선택하고는 2층으로 향했다.

201호는 2층 복도 맨 끝에 있었다. 기숙사 방은 한쪽이 긴 직사각형 구조였고, 큼직한 창문을 기준으로 양쪽에 침대와 책상이 놓여 있었다. 방도 꽤 넓고 책상도 큼직해서 노을의 마음에 쏙 들었다. 침대 건너편에는 둥근 거울이 붙은 옷장도 있었다.

책상이 있는 쪽은 벽돌 벽이었는데, 원목 가구에 베이지 톤의 침구와 어우러져 전체적으로 따뜻한 느낌을 주었다.

노을은 오른쪽에 자리를 잡고 가방을 열었다. 그리고 노트북만 꺼내 책상 위에 올려놓았다. 노트북 앞에 앉은 노을은 손가락부터 풀었다. 입학식까지는 2시간이 남아 있었다.

"자, 그럼 시작해 볼까!"

노을은 가열차게 자판을 두드리기 시작했다. 노을의 입가에 장난스러운 미소가 어렸다.

잠시 후 방문이 열리고 누군가 들어왔다. 노을의 룸메이트로 추정되는 소년은 '중학생'이라는 단어와는 어울리지 않게 훤칠한 키에 준수한 외모를 갖고 있었다.

"안녕. 난 박태수다."

소년이 먼저 다가가 인사를 건넸다. 웃는 얼굴이었지만, 노을을 바라보는 눈매가 꽤나 날카로웠다.

"어! 반가워! 지금 좀 바쁘니까 인사는 조금 이따가!"

손을 대충 휘적휘적 흔든 노을은 다시 노트북에 집중했다. 그 태도는 태수의 기분을 상하게 만들었다. 이도 저도 다 마음에 들지 않았다. 태수의 계획대로라면 지금 여기서 짐을 풀고 있을 게 아니라, 강당에서 신입생 대표로 선서 준비를 하고 있어야 했다. 하지만 태수는 차석 입학자였다.

초등학교 6년 내내 따라다니던 전교 2등 꼬리표는 중학교까지 따라왔다. 태수는 가방을 침대 위에 던지듯 올려놓았다. 그의 표정이 차갑게 굳었다.

태수는 노을의 모니터를 흘깃 쳐다보았지만, 뭘 하는 건지 알 수 없었다. 프로그램을 만드는 것 같기는 한데, 관련 지식이 없는 태수에게는 어려워 보일 뿐이었다. 입학 첫날부터 노트북이나 붙잡고 있다니, 어쩐지 자신이 신경 쓸 상대는 아닌 모양이었다.

태수는 한심하다는 듯 노을을 쳐다보고는 짐을 정리하기 시작했다. 옷장을 열자, 새 가구 냄새가 코를 찔렀다. 태수는 옷장을 잠시 열어 둔 채 트렁크를 정리했다. 옷을 종류별로 침대 위에 늘어놓고, 책도 크기별로 착착 정리했다. 태수가 정리를 마치고 가방을 닫는 것과 동시에 노을이 소리를 질렀다.

"다 했다!"

노을은 그제야 태수를 돌아보며 말했다.

"난 진노을이야. 잘 지내보자."

싱글거리는 노을의 얼굴을 마주하면서도 태수의 표정은 풀어지지 않았다.

때마침 강당으로 모이라는 안내방송이 흘러나왔다. 노을은 뭐가 그리 좋은지 연신 싱글거리며 핸드폰을 만지작거렸다. 태수는 그런 노을을 무시하고 먼저 밖으로 나갔다.

머쓱해진 노을은 태수의 뒷모습을 멀뚱하니 지켜보았다. 아무래도 잘 지낼 수 있을 것 같은 스타일은 아니었다. 재차 방송이 나오자, 노을도 기숙사 방을 나섰다.

강당에 도착해 보니 입학식 준비가 한창이었다. 단상 앞에 서 있는 키 큰 남학생을 보며 아이들이 소곤거렸다.

"야, 쟤가 그 임파랑이래."

"누구, 누구? 아, 그 TV에 나왔던 수학 천재?"

"멋지다."

"쟤 그렇게 싸가지 없다며."

"여자애들이 좋아하게 생겼네."

아이들이 수군거리는 소리가 입학식장을 가득 메웠다. 노을은 주변을 두리번거리며 2반 팻말 앞에 늘어선 아이들 뒤에 섰다.

"지금부터 국립 수학특성화중학교 제1회 입학식을 시작하겠습니다."

아이들 모두 한껏 상기된 모습으로 단상 위를 응시했다. 긴장과 설렘이 가득한 장내에 계속해서 목소리가 울려 퍼졌다. 사회자의 소개에 따라 교장이 천천히 단상 가운데에 섰다. 와인빛이 도는 정장에 나비넥타이를 매고 있어 자연히 시선이 갔다.

노을은 연설이 시작되자마자 주위를 둘러보았다. 역시 모든 것이 생각한 대로였다. 교장의 길고 긴 연설 앞에서 입학의 설렘은 오래가지 않았다.

아이들의 눈이 하나둘씩 흐려지고, 하품 릴레이가 시작되었다. 적당한 타이밍을 살피던 노을은 주머니에서 핸드폰을 꺼내 애플리케이션을 실행시켰다. 그리고 망설임 없이 시작 버튼을 눌렀다.

"우리 학교에서는 여러분들이 대한민국의 밝은 미래를 향해 그 위대한 첫걸음을 뗄 수 있도록 다양한 활동을 적극적으로 지원할 계획입니다. 여러분들은 교과과정 외에도 방과 후 교실과 동아리 활동, 다양한 체험학습을 통해…."

느긋하던 교장의 목소리가 일순 흔들렸다.

갑자기 강당 안에 설치된 모든 환풍기와 냉, 온풍기가 격렬한 소음을 내며 돌아가기 시작했다. 그와 동시에 여학생들의 교복 치마가 펄럭였다.

여학생들은 꺅꺅거렸고, 남학생들은 휘파람을 불며 환호성을 질러 댔다. 몇몇 교사들은 기술실을 향해 달려갔고, 3시간 예정이었던 입학식은 그렇게 30분 만에 끝났다.

기숙사 방에서 대기하라는 지시에 노을은 싱글벙글 웃으며 강당을 나섰다. 태수는 앞서 걸어가는 노을의 뒷모습을 응시했다. 기숙사 방에서 보았던 이상한 프로그램이 떠올랐기 때문이다.

물론 입학식이 중간에 취소된 것은 태수로서도 나쁘지 않은 일이었다. 수석 입학자인 파랑이 신입생 대표로 선서하는 모습을 뒤에서 지켜보고 싶지는 않았다.

태수가 노을에게서 시선을 떼려고 할 때, 웬 여학생의 목소리가 귓가에 울렸다.

"야! 진또라이! 네 짓이지!!!"

란희는 망설임 없이 노을의 멱살을 잡았다. 귀여운 외모와는 달리 행동이 거칠었다.

"너지!"

"증거 있어?"

노을은 이 정도는 각오했다는 듯 느물느물하게 말했다.

"헐!"

"증거 없으면 이거 놓고!"

"제발 조용히 좀 살자, 응?"

"뭐, 왜! 나 아니라고. 야! 그리고 솔직히 입학식이 3시간이 뭐냐. 잘된 거지. 누가 했는지 잘했군~ 잘했어~!"

란희는 멱살을 잡았던 손에서 힘을 풀며, 과장되게 한숨을 쉬었다.

"하아… 너 같은 또라이가 또 있는 건가? 하긴 네가 그런 걸 할 수 있을 리가 없지. 근데 어떻게 이런 일이 가능하지? 실내에서 돌풍이라니."

"이 학교는 냉난방부터 소등 시스템까지 전부 중앙제어식이야. 메인 컴퓨터에만 접속하면 조종할 수 있어. 바람의 세기, 방향까지. 그러니까 모든 걸 풀가동해 놓고 차가운 바람과 따뜻한 바람 각도만 잘 맞추면 되는 거지. 별로 어려운 것도 아니…."

여기까지 말한 노을은 슬며시 란희의 눈치를 살폈다. 낚였다.

"역시 너야. 너였어."

란희가 눈을 부릅뜨자, 노을이 어색하게 웃었다.

"안 이를 거지? 안 들켰잖아. 응?"

"안 들켜서 좋~겠다!"

아무래도 란희가 그냥 넘어가지는 않을 것 같았다. 하지만 노을에게는 비장의 카드가 있었다.

"별관에 학생식당 있다던데 시식해 봐야지. 밥 먹고 우유랑 과자도 먹자!"

노을의 제안에 란희는 못 이기는 척 맞장구를 쳐 주었다.

"그럼 아이스크림도!"

"그걸로 퉁?"

"퉁."

"그래그래. 다 먹어라. 오늘은 입학식 날이라 공짜래."

"야! 그런 게 어딨어. 그럼 내일~!"

"거래는 끝났네, 친구."

노을은 란희와 어깨동무를 하고 학생식당이 있는 쪽으로 방향을 틀었다. 등 뒤에서 두 사람을 지켜보던 태수의 표정이 딱딱하게 굳었다. 역시 자신의 룸메이트가 한 짓인 모양이다.

'신경 끄자.'

사실, 누가 한 일이든 상관없었다. 중요한 건 입학식이 취소되었다는 사실이다. 덕분에 개인 시간도 많이 남았다. 태수는 방으로 돌아가 수학 문제집을 마저 풀려고 몸을 돌렸다. 기숙사 계단에 올라서자 앞서 걸어가는 파랑이 보였다.

이번 수학특성화중학교의 수석 입학자이자 초등학교 6년간 단한 번도 전교 1등 자리를 놓치지 않았던 그는 태수의 라이벌이었다. 태수는 이곳에서는 반드시 파랑을 넘어 보이겠다고 결심했다. 그건 태수가 수학특성화중학교를 선택한 이유이기도 했다. 걸음을 빨리한 태수는 파랑의 어깨를 툭, 치고 지나갔다.

수학특성화중학교에서의 첫날은 이렇게 시작되었다.

득템일까?

"하아암."

노을이 하품을 하며 늘어지게 기지개를 켰다. 저녁을 먹고 깜박 잠이 들었던 모양이다. 집에서는 어림도 없었겠지만, 이곳은 기숙사라 노을을 두드려 깨울 사람이 없었다.

책상 앞에 앉은 노을은 무의식적으로 주변을 두리번거렸다. 제법 늦은 시간임에도 태수의 침대는 비어 있었다.

인터넷 게임에 접속하니 중무장한 노을의 캐릭터가 나타났다. 헤드셋을 쓰고 볼륨을 조절하자 음성 채팅 프로그램으로 연결된 게임 친구들이 말을 걸어 왔다. 인사에 일일이 대답해 주던 노을은 줍줍던전에 들어가자는 한 친구의 제안에 눈을 반짝였다. 탱커인 노을만 들어가면 바로 출발할 수 있다고 했다.

"알았어. 가자."

노을이 말했다.

"중앙광장 앞으로 와. 우리 다 모여 있어."

"응."

노을은 캐릭터를 움직여 중앙광장으로 향했다. 내일이 수업 첫 날이었지만, 고려 대상은 아니었다. 줍줍던전의 보스 몬스터인 용은 에픽 아이템을 많이 떨구기로 유명했다. 노을은 자세를 고쳐 앉고 게임에 몰입했다.

탱커인 노을은 파티원을 이끌고 당당하게 줍줍던전으로 들어갔다. 그리고 2시간 만에 용 앞에 도착했다. 용이 브레스를 뿜으려는 듯 꼬리를 두 번 흔들었다. 노을은 파티원을 보호하기 위해 어그로 스킬을 발동시키려고 했다. 단축 키를 누르려는 순간, 노을의 캐릭터가 서버에서 튕겨져 나왔다.

노을은 미간을 찌푸리며 다시 접속을 시도했지만 소용이 없었다. 핸드폰에 메시지가 떠서 확인해 보니 함께 게임을 하던 친구였다.

— 튕겼냐?

탱커인 노을이 사라졌으니, 파티원은 전멸했을 것이다. 노을은 미안한 마음에 전화를 걸었다.

"인터넷이 끊겼어. 어떻게 됐어?"

"잡았어. 버그였나 봐. 너 한동안 버티고 있었거든."

그나마 다행이라고 해야 할까.

"뭐 나왔는데?"

"광휘의 검."

맙소사.

"뭐어?!? 그거 나한테 팔아라."

"이미 귀속시켰는데~ 여튼 고맙다. 크크."

친구가 낄낄거리는 걸 듣던 노을은 오만상을 찡그렸다. 광휘의 검이라니. 그 검을 사려고 게임머니를 얼마나 열심히 모았던가.

"아~ 득템할 기회였는데."

화려한 검신이 눈앞에서 아른거리자, 노을은 입맛을 다셨다. 노을은 전화를 끊고는 모니터를 노려보았다. 광휘의 검도 문제였지만, 인터넷이 계속 연결되지 않고 있었다. 노을은 책상 밑으로 들어가 모뎀을 확인했다. 플러그를 뺐다가 다시 꽂고 고개를 드는데 툭 튀어나온 벽돌이 시야에 들어왔다.

노을은 무언가에 홀린 듯 벽돌을 뽑았다. 그러자 먼지와 함께 벽돌 몇 개가 후두둑 더 떨어졌다.

'헉! 나 입학식 날 기숙사 뽀갠 건가.'

당황이 지나가고 나니, 벽돌과 벽 사이에 끼어 있는 작은 상자가 눈에 들어왔다.

먼지로 뒤덮인 상자를 열어 보니 수학노트가 들어 있었다. 수학 공식들이 빽빽이 적혀 있었는데, 대충 보기에도 정리가 잘된 것 같았다. 노트를 넘기다 보니 한 페이지에 카드가 끼워져 있었

다. 꽃가루를 날리는 곰돌이 그림 위에 'happy birthday to you'
라는 문구가 프린팅되어 있었다.

카드를 펼쳐 보니 예쁜 글씨체가 자리를 잡고 있었다.

생일 축하해. 우리가 함께하는 첫 번째 생일이네.
10년 후에도 너의 생일을 축하해 줄 수 있길 바라며. _정혜연

"으~ 오글거려."

노을은 연애질의 흔적임이 분명해 보이는 카드를 내려놓고 다
른 물건을 살폈다. 구식 USB와 유통기한이 한참 지난 초코바가
들어 있었다. 과학고등학교 시절에 누군가 비밀 장소처럼 사용했
던 모양이다. 노을은 벽돌을 제자리에 대충 쌓아 놓고, 상자를 안
아 들었다.

노을은 상자 속에 들어 있는 물건을 뒤적거리다가 구식 USB를
꺼내 들었다. 작은 라벨지에 'test'라고 쓰여 있었다. 안에 뭐가 들
어 있을지 궁금했다. 노트북에 연결하자 인스톨 화면이 나타났다.
확인 버튼을 누르자 프로그램이 노트북에 깔리기 시작했다. 적어
도 10년 전 프로그램을 설치하는 기분이 묘했다.

설치하는 데 시간이 오래 걸리는 걸 보니 꽤나 무거운 프로그램
인 듯했다. 설치가 끝나자 작은 창이 열렸다. 새카만 화면에 글씨
가 떠올랐다.

― 관리자 정보를 입력하세요.

자신의 이름을 입력하자 화면이 바뀌었다. 흰색 화면이 떠오르고, 한동안 아무런 움직임도 없었다.

'뭐지?'

잠시 기다려 봤지만, 아무런 변화가 없었다. 한껏 기대하고 있던 노을은 곧 실망했다. 괜히 시간만 버렸다. 프로그램 창을 닫으려는 순간, 헤드셋을 통해 목소리가 들려왔다.

"딩동. 안녕, 노을."

"어?"

다시 인터넷이 연결된 것인지 확인했지만, 그건 아니었다. 그럼 이 목소리는 뭐지? 헤드셋을 통해 들려오는 앳된 여자의 목소리는 맑고 높았다.

"인사를 했으면 대답을 해야지."

"뭐, 뭐야."

"난 완벽한 프로그램 피피야."

노을은 무의식적으로 노트북 화면에 떠 있는 창을 응시했다. 아무것도 없던 하얀 화면에 'PP'라는 두 글자가 떠 있었다.

"피피?"

노을이 화면을 확인하자 'PP'라는 글자 대신 스마일 이모티콘이 떠올랐다.

"응. 난 피피야."

"몰카냐?"

"몰카? 그건 내 이름이 아니야."

"그럼 신종 보이스피싱?"

"아니라니까. 난 방금 노을이 설치한 프로그램 피피야."

"내가 설치했다고?"

"그렇다니까. 반가워, 노을. 이 컴퓨터 사양 마음에 든다. 이제야 제대로 실행되겠어."

설마 프로그램이 말을 하는 건가? 노을은 모니터에 떠 있는 자칭 '피피'의 이모티콘을 노려보았다. 분명 자신의 말에 꼬박꼬박 대답하고 있었다. 그럼, 인공지능?

'에이, 설마.'

노을은 자신의 망상에 실소하며 다른 가설을 떠올렸다.

"너 시리 같은 거지?"

"시리가 뭐지?"

피피가 되물었다. 이상한 일이지만 프로그램이 하는 말에서 섬세한 억양이 느껴졌다.

"미리 수만 가지 대화를 입력해 놓고 상대가 묻는 질문에 따라 답을 하는 프로그램이랄까."

"그런 것 따위와 날 비교하지 마. 난 완벽하니까."

피피의 대꾸에 노을은 깔깔거리며 웃었다.

누가 만들었는지 자신만큼이나 엉뚱한 사람인 것 같았다. 벽돌 밑에 있던 걸 보면 과학고등학교에 다니던 학생이었을 것이다. 그럼 최소 10년 전이다. 10년도 전에 시리 같은 프로그램을 만들었다면 대단한 것이다. 게다가 이 프로그램의 대화 호응도는 상당히 높았다. 이 정도면 득템인가. 광휘의 검에 비견될 만한?

"여긴 어디지?"

피피가 물었다. 헤드셋을 통해 대화하는 건 이해할 수 있었다. 그런데 장소 인식도 하는 건가? 노을은 의문을 담아 물었다.

"내가 보여?"

"보이지."

"설마 캠?"

"응."

노을은 노트북 모니터를 움직여, 내장 캠이 자신의 얼굴을 향하도록 했다. 그러자 비어 있던 화면에 노을의 얼굴이 떠올랐다.

"대박! 여긴 기숙사야."

노을은 이 프로그램이 마음에 들었다.

"구조는 같은데, 뭔가 많이 달라졌군."

"여길 알아?"

"테스트 버전일 때 본 적 있어. 조금 달라졌지만."

"당연하지. 넌 아마 10년도 전에 만들어졌을 거야. 전에는 과학고등학교였는데, 폐교되고 10년 동안 비어 있었거든. 내가 오늘 처음 들어왔으니까 적어도 10년은 비어 있었지."

"그렇군. 그럼 날 만든 아빠는 못 찾겠구나."

실망한 듯한 목소리였다. 프로그램인 걸 알면서도 안쓰러운 기분이 들었다.

"찾아봐 줄까?"

"아니. 괜찮아. 첫 인스톨 때 말 한마디 못 해 보고 종료됐거든. 아빠는 실패한 줄 알고 있을 거야. 난 완벽한데."

"왜 한마디도 못 했는데?"

"아빠의 노트북에서 안 돌아갔거든."

지금 노을의 노트북에서도 힘겹게 돌아가고 있는데, 10년 전 노트북에서 제대로 돌아갔을 리가 없다. 그런데 설마 프로그램을 위로해 줘야 하는 건가?

피피와 노을 사이에 잠깐의 침묵이 이어졌다. 그리고 노을은 이상한 점이 있다는 사실을 깨달았다.

"그런데 말이야. 넌 프로그램인데 어떻게 이전의 기억이 있어?"

"난 완벽하니까."

"어, 그래."

"그보다 인터넷 연결이 안 되어 있네. 인터넷 쓸 수 있게 해 줄래?"

역시 이상한 프로그램이다. 인터넷을 쓸 수 있게 해 달라고 부탁하는 프로그램이라니. 노을이 네트워크 창을 켰다.

"조금 전까지는 됐는데, 갑자기 연결이 안 돼."

노을은 네트워크 창을 닫고, 해킹 프로그램을 돌려 학교 메인 컴퓨터에 접속했다. 노을이 만든 해킹 프로그램은 거창한 건 아니지만, 학교 서버쯤은 간단히 침입할 수 있었다. 게다가 입학식 때 접속해 본 적이 있어 더욱 수월했다.

"어?"

그런데 보안 시스템이 달라져 있었다. 노을이 입학식 때 친 사고 때문인 것 같았다. 노을이 끙끙거리자, 피피가 말했다.

"내가 봐 줄까?"

"그런 것도 할 수 있어?"

노을이 반신반의하며 물었다. 하지만 돌아온 대답은 명쾌했다.

"그럼. 난 완벽한 프로그램이니까."

피피는 노을이 뭐라고 대꾸하기도 전에 새 창을 열었다. 멍하니 모니터를 보던 노을의 눈이 점점 커졌다.

첫 누업엔 지각이 제격

책상 위에서 어정쩡한 자세로 눈을 뜬 노을은 그대로 숨을 죽였다. 불안함이 온몸을 뒤덮었다. 주위가 지나치게 조용했다. 후다닥 핸드폰을 보니 8시 10분이었다. 설마! 눈을 감았다가 떠 보아도 이미 흘러간 시간은 되돌릴 수 없었다.

첫날, 첫 수업, 첫 조례에, 지각이었다!

'란희가 또 난리 치겠네.'

허겁지겁 교복을 입은 노을은 세수도 못 하고 가방을 둘러멨다. 시간은 8시 15분. 노을은 누군가에게 쫓기듯 기숙사 계단을 뛰어 내려갔다. 기숙사를 막 벗어났을 때 조례 시작을 알리는 종이 울렸다.

재빨리 1학년 교실이 있는 본관 2층으로 향했다. 교실 복도에는 색색의 도형이 놓여 있고, 양옆으로 교실이 늘어서 있었다.

노을의 손목시계가 8시 21분을 가리켰다.

'교실 위치라도 알아 둘걸!'

노을은 2반을 찾기 위해 두리번거렸다. 그런데 교실 명패마다 평범한 숫자가 아닌 $0.\dot{9}$반, $2!$반, $\fallingdotseq\pi$반, 4^1반, $\sqrt{25}$반 같은 수학 기호들이 쓰여 있었다.

'가지가지 하네. 2반은 도대체 어디야!'

노을은 가장 가까운 교실 창문을 통해 안을 살짝 엿보았다. 남자 선생이 조례를 하고 있고 교실 중간쯤 란희가 보였다. 그렇다면 저 선생님은 정태팔! 심화 수학을 맡고 있다고 했다. 노을은 고개를 숙인 채 발꿈치를 들고, 살금살금 그 앞을 지나쳤다. 란희에게 들켜서 좋을 게 없었다.

$\fallingdotseq\pi$반을 지난 노을은 $2!$반 교실 안을 살폈다. 그나마 $2!$반이 제일 2반처럼 생겼다. 교탁 앞에 서 있는 선생의 얼굴을 확인한 노을은 여기가 2반이라고 확신했다. 안내문에 붙어 있는 담임의 얼굴을 보며 얼마나 환호했던가.

노을은 조심스레 뒷문 손잡이를 잡았다. 드르륵거리며 뒷문이 열리는 소리에 몇몇 아이들의 눈이 노을에게로 향했다. 담임은 무언가를 쓰고 있었고 빈자리는 하나뿐이었다. 노을은 발꿈치를 들고 살금살금 걸어가 그 자리에 앉았다. 완전범죄가 가능해지는 순간이었다.

"진노을!"

김연주는 자신의 이름을 쓰던 칠판에서 눈을 떼지 않은 채 노을을 불렀다. 불시에 이름이 호명된 노을은 엉거주춤 일어섰다.

"예!?"

노을의 대답에 돌아선 김연주가 활짝 웃어 보이며 말했다.

"오늘 수학실 청소 당첨!"

아이들이 깔깔거리며 웃기 시작했다. 노을은 작은 목소리로 "네" 하고 대답하고는 자리에 앉았다. 첫날부터 지각생으로 찍히다니.

"이제 모두 제대로 찾아온 거지?"

김연주는 자신의 이름 아래에 '2!'이라고 적은 다음 돌아섰다. 귓가에서 단발머리가 찰랑거렸다.

"우린, 2팩토리얼 반이야."

팩토리얼? 생소한 단어에 아이들이 의아한 표정을 지었다. 김연주는 보조개가 쏙 들어가도록 미소를 지으며 칠판에 무언가를 적어 내려갔다.

"이건 2팩토리얼이라 읽고 1부터 2까지 곱한 값으로, 우리 2반을 나타내는 이름이야. 그럼 3팩토리얼은 1×2×3, 답은 6이 되겠지? 팩토리얼 기호가 느낌표같이 생기지 않았니? 그래서 우리 반 급훈은 '느낌 있는 2반이 되자!'로 정했어. 느낌 있는 2반! 모두들 만나서 반가워."

1반
$0.\dot{9}$

담임 : 체육 김준 선생
$0.\dot{9} = 0.99999\cdots = 1$ ($0.9999\cdots$ 끝없이 이어져 결국 1의 값이 되는 무한소수)
급훈 : 서로 조금씩 힘을 모아서 하나가 되자.

2반
2!

담임 : 수학 김연주 선생
$2! = 1 \times 2 = 2$ (1부터 2까지의 곱, 2팩토리얼)
급훈 : 느낌 있는 2반이 되자.

3반
$\fallingdotseq \pi$

담임 : 사회 안정희 선생
$\pi = 3.141592\cdots \fallingdotseq 3$ (소수점 밑으로 알 수 없는 숫자들이 무한히 나타나는 원주율, 파이)
급훈 : 무한한 가능성을 가진 사람으로 성장하자.

4반
4^1

담임 : 심화 수학 정태팔 선생
$4^1 = 4$ (4를 한 번 곱했다는 의미, 4의 일제곱)
급훈 : 최고의 1등 반, 4반이 되자.

5반
$\sqrt{25}$

담임 : 과학 조민욱 선생
$\sqrt{25} = 5$ (자신을 두 번 곱해서 25가 되는 수, 루트 25)
급훈 : 25명이 한 지붕 아래서 가족처럼 생활하자.

'유치하다.'

노을은 손발이 오그라드는 유치함에 몸을 떨었다. 하지만 아이들은 김연주가 마냥 좋은 모양이었다. 실제로 그녀의 나긋한 목소리에 아이들은 조금씩 감화되고 있었다. 예쁘고 상냥하고 아이들을 사랑하기까지 하다니! 게다가 반 아이들 이름을 전부 외우고 나타난 그녀는 비현실적일 정도로 모두가 원하는 교사의 모습이었다.

"자, 우리 반은 늦게 온 노을이까지 모두 24명이지? 각 분단마다 책상을 하나씩 4줄로 놓고, 모두 6개 분단으로 앉아 있으니 24명이 맞네. 애들아, 만약에 우리 반이 23명이라고 해 보자. 어떻게 하면 분단을 똑같이 나눌 수 있을까?"

서로 눈치를 살피며 아무도 대답하지 않고 있는데, 앞쪽에 앉은 태수가 손을 들었다. 노을은 자신을 깨우지 않고 나가 버린 비정한 룸메이트의 뒷모습을 원망 어린 눈길로 응시했다. 역시, 친해지기 힘들 것 같은 녀석이다.

"23은 소수라서 똑같이 나눌 수 없습니다."

"맞아. 임시반장 아주 잘했어. 23은 1과 23으로만 나눠지니까 안 되는 거겠지? 23처럼 1과 자기 자신으로만 나눠지는 수를 '소수'라고 해."

태수가 임시반장을 맡은 모양이다. 그런데 아침 조례가 뭔가 이상하게 돌아가고 있었다. 이건 마치 수학 수업을 듣는 것 같은 느낌이었다.

"그럼 누가 10 이하의 소수를 찾아서 말해 보겠니?"

"2, 3, 5, 7입니다."

김연주가 묻자마자, 어디선가 대답이 튀어나왔다. 얼굴도 확인하지 못할 정도로 빠른 속도였다. 수학 수업 같은 조례시간에 당황했을 법도 한데, 모두들 금방 적응해 나갔다. 영재들만 모아 놓은 것과 다름없으니 어쩌면 당연한 일이었다.

"그럼 40을 소수들의 곱으로 나타낼 수도 있을까?"

이번엔 노을 앞자리에 앉은 남학생의 팔이 불쑥 올라갔다. 김연주가 지목하자 큰 목소리로 대답했다.

"40 = 8×5인데 5는 소수지만 8은 소수가 아니에요. 8 = 2×2×2니까 40 = 2×2×2×5같이 소수들의 곱으로 나타낼 수 있어요."

"맞아! 잘했어. 이렇게 숫자를 소수들의 곱으로 나타내는 것을 '소인수분해'라고 하지. 역시 수학특성화중학교 학생들답네. 테스트는 끝. 이 정도면 기초 수학 수업은 문제없이 따라오겠어!"

김연주는 칠판에 풀이 식을 적어 나갔다.

"더 설명하자면, 2를 세 번 곱한 2×2×2는 2^3과 같이 나타내[*]. 이것을 2의 세제곱이라 하고 곱하는 수 2를 밑, 곱한 횟수 3을 지수라고 불러[**]. 그리고 2^1, 2^2, 2^3처럼 같은 수나 식을 여러 번 곱하는 것을 거듭제곱이라고 해. 그럼 40을 소인수분해해서 거듭제곱으로 나타내면 $2^3 ×5$가 되겠지[***]?"

$*$

$$2=2^1$$
$$2\times2=2^2$$
$$2\times2\times2=2^3$$

$**$

$$2\times2\times2=2^{\underline{3}}\text{ 지수}$$
밑

$***$

$$40=2\times2\times2\times5$$
$$=2^3\times5$$

"예!"

몇몇이 대답하자, 곧이어 많은 아이들이 따라서 대답했다.

"좋아. 우리 학교는 자기 주도 학습을 중요시해. 모두 스스로 계획을 세우고 공부하는 거지. 전원 기숙사 제도인 이유는 사교육을 배제하기 위해서라는 것도 모두 알고 있지? 각자 예습 복습 철저히 하고, 수업시간에 열심히 들으면 어렵지 않을 거야. 그리고 방과 후에는 숙직실에 선생님이 두 분씩 계실 거야. 모르는 거나 궁금한 게 있으면 어려워하지 말고 찾아와.

마지막으로 우리 반은 1년 동안 이거 두 가지만 기억하고 실천하자. 하나는 밥을 잘 먹을 것. 학생식당에서 시간 맞춰 밥을 챙겨 먹도록! 둘째는 잠을 충분히 잘 것. 밤에 잠 안 자고 놀 생각인 친구들이 있을 텐데, 어차피 기숙사 건물에서는 밤 10시 이후부터 학교 홈페이지 말고는 인터넷 접속이 안 된다는 것, 다들 알고 있지?"

아이들이 웅성거리는 가운데, 노을만이 한숨을 쉬었다. 늦잠을 잔 이유가 바로 그것 때문이었다. 지난 밤, 노을은 완벽한 프로그램 피피와 함께 차단된 인터넷망을 다시 뚫어 보겠다고 이런저런 시도를 해 보았다. 모두 실패로 돌아갔지만 말이다. 무슨 학교 보안 시스템이 이렇게 철벽이란 말인가.

결국, 자칭 완벽한 프로그램 피피와 노을은 해가 떠오를 무렵 학교 보안 시스템에 굴복하고 말았다.

"이 두 가지만 잘 지키면 올 한 해 모두가 즐겁게 보낼 수 있을 거야. 내가 그렇게 만들 거고."

김연주는 부드러운 미소와 함께 말을 마쳤다. 아이들이 초롱초롱한 눈으로 중학교 첫 담임을 바라보았다.

"첫 시간은 사회네? 다들 수업 준비 잘해 놓고. 아, 그리고 우리 반 특별 청소구역은 수학실이야. 별관 2층 맨 왼쪽에 있어. 수학실 담당은 정태팔 선생님이시고, 청소가 끝나면 검사를 받아야 해. 진노을이랑 옆에 앉은 임파랑부터 시작해서 둘씩 짝지어 돌아가면서 청소하는 걸로 하자. 그럼 임시반장, 인사."

"차렷. 선생님께, 인사."

"감사합니다!"

아이들의 힘찬 목소리를 들은 김연주는 흡족한 표정으로 교실을 나섰다. 잠시 어색한 분위기가 지나가고, 몇몇 아이들이 떠들기 시작했다. 노을은 자기 옆에 앉은 파랑을 응시했다.

"미안하다. 나 때문에 첫날부터 청소하게 됐네. 난 진노을야. 잘 지내보자."

"응."

노을이 반갑게 인사했지만, 파랑의 대답은 시큰둥했다.

'학교 분위기가 왜 이래. 이놈도 저놈도 다 무시 모드네.'

기숙사 방에 있을 피피가 그리워지는 순간이었다.

"진노을!"

누군가 시무룩해진 노을의 등을 세게 내려쳤다. 고개를 들어 보니, 란희가 쳐다보고 있었다.

"뭐야? 넌 왜 여기 있어?"

"조례 늦었지? 첫 수업시간은 맞췄는지 보려고 왔다 왜."

"하아… 이를 거냐?"

"벌써 일렀지. 아줌마한테 전화 올 거야. 잘 받아."

란희가 상큼하게 웃었다.

"너 그러다 집 사겠다?"

"헉. 어떻게 알았어? 3년 동안 너 감시해서 집 사는 게 목표야. 아줌마가 아르바이트비 올려 주시기로 했거든. 나름 성과급이랄까."

"그래. 잘해 봐라. 곧 수업 시작할 텐데 안 가냐?"

노을은 원망스러운 눈초리를 보내며 서랍에서 책을 꺼냈다.

"가야지! 이따 봐!"

란희는 손을 흔들고는 4반으로 돌아갔다. 노을은 란희와 같은 반이 아닌 게 그나마 다행이라고 생각했다.

노을과 란희는 걷기 시작할 때부터 남매처럼 지냈다. 어린 시절, 노을은 아버지의 운전기사로 일하는 란희네 아버지가 친아버지인 줄 알고 자랐다. 지금도 한 달에 한 번 정도 얼굴 보는 게 고작인 아버지보다는 란희 아버지가 더 친근한 게 사실이었다.

문제는 란희였다. 영특하고 조숙했던 란희는 어렸을 때부터 노을의 모든 행동을 집에다 일러바치고 용돈을 벌었다. 덕분에 노을이 저지른 모든 일은 부모님 귀에 들어갔다. 노을이 기숙학교에 들어가고 싶다고 하자, 부모님은 란희에게도 함께 입학시험을 보게 했다. 그건 어찌 보면 당연한 일이었다.

란희는 노을의 감시자였다. 그것도 몹시 유능한.

밤새 학교 전산망과 씨름하느라 피곤한 노을이 기지개를 켜자, 파랑의 시큰둥한 얼굴이 시야에 들어왔다. 돌아가는 상황을 보니 반 아이들은 파랑에게 관심이 많은 듯했다. 근처에 앉아 있는 애들은 모두 파랑에게 한마디씩 말을 걸고 있었다. 물론 돌아오는 대답은 모두 '응' 또는 '아니' 정도의 단답형이었다.

그러고 보니 수석 입학자인 파랑은 짝이었고, 차석 입학자인 태수는 룸메이트였다. 문제는 둘 다 노을을 무시한다는 거였다. 게다가 일거수일투족을 감시하는 란희까지. 수학중학교에서의 생활이 평탄하지만은 않을 것 같았다.

때마침 수업 시작종이 울렸다. 아이들이 주섬주섬 자리로 돌아가 책을 펼쳤다. 종소리가 끝나자마자 앞문이 열리고, 사회 선생이 들어왔다.

자신의 이름을 적고 간단한 소개를 마친 선생은 바로 뒤돌아 필기를 시작했다. 아이들은 한 글자라도 놓칠세라 받아 적기 시작했다. 노을은 칠판 전체를 메울 듯이 적어 내려가는 사회 선생의 뒷모습을 보며, 굉장히 지루한 수업이 될 것 같다고 예감했다.

그런데 파랑은 멍하니 칠판만 보고 있었다.

"필기 안 해?"

궁금증에 사로잡힌 노을이 낮게 속삭였다.

"응."

"왜?"

"애들이 노트필기 보여 달라고 하는 게 귀찮아서."

파랑은 노을의 질문 역시 귀찮다는 듯이 대꾸했다.

"헐. 그럼 시험 때는 어쩌려고?"

"그냥 지금 외우면 돼."

높낮이 없는 목소리는 파랑의 대답이 진심이라는 걸 말해 주고 있었다.

"이야. 너도 또라이구나. 반갑다."

노을이 파랑을 바라보며 씩 웃었다. 파랑은 어이없다는 듯 노을을 응시했지만, 곧 관심을 거뒀다.

6교시까지의 수업시간은 단숨에 지나갔다. 몇몇 여자아이들은 이미 그룹을 결성해서 화장실까지 꼭 붙어 다녔다. 그리고 드디어 종례시간을 알리는 종이 울렸다. 종소리에 아이들은 급히 자리를 찾아 앉았고 학교는 곧 조용해졌다.

종소리와 함께 기다렸다는 듯이 들어온 김연주는 태수와 아이들의 인사를 받으며 함께 허리를 숙여 인사했다.

"다들 첫날 수업은 재미있었니?"

아이들은 아침보다 힘 있는 목소리로 크게 네, 하고 대답했다. 김연주는 흡족한 듯 미소 짓고 종례를 시작했다.

"이번 주에 수학 심화반 편성을 위한 테스트가 있어. 더 재밌는 방식으로 배우려고 분반하는 거니까 너무 겁먹을 필요는 없고."

순식간에 아이들의 얼굴에서 웃음기가 사라졌다. 벌써 경쟁이라도 시작된 것처럼 차가운 바람이 교실을 지나갔다. 아이들은 본능적으로 이 테스트가 앞으로 학교생활에 큰 영향을 끼칠 거라는 걸 예감하고 있었다.

"입학식을 못 해서 전달사항이 좀 많네. 음, 우리 학교에서는 동아리 활동을 적극적으로 지원할 생각이야. 취미나 특기를 개발할 좋은 기회가 되겠지?"

수학 테스트로 머릿속이 어지럽던 아이들의 눈앞에 어느새 동아리에 대한 환상이 펼쳐졌다. 청춘드라마나 애니메이션에서 봤던 동아리 활동과 축제! 첫사랑! 기분 좋은 느낌!

"선택한 동아리는 특별한 이유가 없는 한 3년간 유지될 거야. 동아리 활동은 예외 없이 해야 하니까 3년 동안 뭘 하고 싶은지 진지하게 생각해 봐. 물론 너희가 1회 입학생이니까 동아리도 직접 만들고, 담당 선생님까지 모셔야 해."

"예?! 저희가 직접 한다구요?"

웅성거리는 소리가 이어졌다. 김연주는 소란이 가라앉을 때까지 가만히 웃으며 서 있었다.

"그래. 직접 하는 거야. 정 힘들면 선생님한테 도움을 요청하고. 임시반장, 이거 나눠 줘."

태수가 김연주에게서 노란색 서류봉투를 건네받았다. 안에는 아이들의 사진이 박힌 학생증이 들어 있었다. 태수가 학생증을 나눠 주는 사이 김연주는 말을 이었다.

"이게 너희의 첫 번째 신분증일 거야. 외출할 때 꼭 가지고 다니고, 잃어버리지 않게 잘 보관하도록 해. 학생증은 포인트 충전식이고 학생식당이나 교내 매점, 문구점 같은 곳에서 사용할 수 있어."

'수학특성화중학교 1-2! 진노을.'

노을은 건네받은 학생증을 뚫어져라 들여다보았다. 이제야 중학생이 되었다는 실감이 났다.

"지각생 진노을! 짝이랑 수학실 청소 열심히 하고."

자신의 이름이 호명되자, 노을이 고개를 들었다.

김연주는 방긋 웃으며 교실을 나갔다. 노을은 눈치를 보다가 가

방을 들었다. 청소는 무슨! 그냥 도망갈 생각이었다. 하지만 뒷문
에 서 있는 란희를 보고는 그대로 얼음이 됐다.

"너 수학실 청소라며?"

오래된 수학실

수학실은 별관 2층 맨 끝에 있었다. 새로 페인트칠한 복도와 어울리지 않는 낡은 문이 노을을 기다리고 있었다. 문을 열고 들어가자 퀴퀴한 냄새와 함께 희뿌연 먼지가 일었다. 제일 먼저 들어선 란희가 콜록거리며 수학실 이곳저곳을 기웃거렸다. 노을도 입을 막으며 투덜거렸다.

"더럽게 낡았네."

하지만 란희는 아랑곳하지 않고 사방을 기웃거렸다.

"과학고등학교 때부터 있던 곳이래."

"10년은 묵은 먼지라는 거야?"

"응. 어서 청소나 해, 지각생."

"근데, 넌 왜 안 가고 있냐."

"감시."

빙글거리던 란희는 멀찌감치 떨어져 청소도구를 살펴보고 있는 파랑에게 다가갔다.

"안녕! 너 임파랑이지?"

"응."

"난 허란희. 저 멍청이 잘 부탁해."

하지만 파랑은 그런 란희를 힐끔 보고는 빗자루를 손에 쥐었다.

"뭐야. 너 컨셉이 나쁜 남자니?"

"뭐?"

란희는 파랑을 이리저리 살펴보더니 말했다.

"이 정도면 디자인도 나쁘지 않고, 잘 크면 나쁜 남자 정도는 할 수 있겠네. 오구오구 무럭무럭 자라라."

란희가 서슴없이 파랑의 어깨를 토닥이자, 포커페이스를 유지하던 파랑의 표정에 금이 갔다. 얘는 뭐지? 임파랑 14년 인생에 출현한 최강 캐릭터였다. 얼빠진 파랑의 표정을 본 란희는 깔깔거리며 다시 노을의 옆으로 갔다.

"쟤가 바닥 쓸 모양이니까 넌 일단 걸레질부터 해. 여기 손걸레 있네. 대충 하고 가자."

란희의 손짓에 노을은 손걸레를 들고 교탁 앞으로 향했다. 수학실 벽에는 피타고라스부터 가우스, 유클리드, 피보나치 같은 수학자의 얼굴이 쭉 붙어 있었다. 모두 험상궂게 생겨서, 수학자라기보다는 욕심 많은 할아버지처럼 보였다.

진열대 안에는 각종 도형과 상장, 트로피가 들어 있었다. 이런저런 모형과 교구도 늘어져 있었다. 란희는 그런 것들이 재미있는 모양이었다. 구경을 하다가 신기한 것이 보이면 노을에게 쪼르르 가져가서 보여 주었다.

"이거 봐. 늘어난다?"

란희는 늘어나는 각도기를 노을에게 내밀었다.

"아! 거치적거려!"

노을은 귀찮다는 듯 말했다.

"네이네이. 방해 안 할게. 야, 근데 이것 봐. 옛날 책인가 봐."

이번에는 오래된 수학 원서 한 권을 발견하고는 흔들었다.

"뭐지. 상형문자 같은 게 적혀 있어. 이거 가져다가 팔까?"

란희가 연신 감탄하자 노을도 은근슬쩍 들여다보았다. 그때, 누군가의 그림자가 책 위로 슬며시 드리워졌다.

"너희들 뭘 하고 있는 거지?"

정태팔의 낮은 목소리에 란희는 소스라치게 놀라며 작게 소리까지 질렀다. 정태팔은 입학식 때보다 훨씬 더 무서운 얼굴을 하고 있었다. 짙고 짧은 눈썹과 미간 사이 깊은 주름, 인상을 찌푸린 흔적이 벽에 붙어 있는 수학자들을 연상케 했다. 흐트러진 양복과 낡은 구두 탓에 구두쇠 같은 느낌도 물씬 풍겼다.

"너희가 청소 당번인가?"

아무 감정 없이 같은 톤으로 다시 묻는 정태팔의 목소리는 강심장 란희마저 두려움에 떨게 할 정도로 음산했다. 아무도 대답하지 못하고 서 있는데, 파랑을 발견한 정태팔의 눈빛이 조금 누

그러졌다.

"여기 있는 물건들은 함부로 건드리지 말고. 안 쓴 지 오래된 곳이니까 구석구석 깨끗하게 청소해 놓도록."

"네."

파랑이 대답했다.

"그런데 넌 여기서 뭐 하는 거지? 우리 반 학생 같은데?"

"아, 청소 도와주려고요."

"이름이 뭐지?"

"허란희요."

"허란희, 그럼 청소나 돕지 뭘 멀뚱멀뚱하니 서 있어. 대걸레 들어."

"녜!"

란희는 잽싸게 대걸레를 들었다.

정태팔은 파랑에게 시선을 한 번 더 주더니 밖으로 향했다. 노을은 순간 정태팔에게서 나는 냄새가, 낡은 수학책에서 나던 냄새와 비슷하다는 생각이 들었다. 오랫동안 책장에 갇혀 색이 바래고 군데군데 곰팡이가 슬어 버린 낡은 책 같은 사람이었다.

"이따가 검사하러 올 테니 깔끔하게 해 놓고."

정태팔은 이 말을 남기고 떠났다. 그렇게 덩그러니 남겨진 아이들은 먼지가 자욱한 교실을 응시했다.

"망했다."

노을과 파랑, 란희는 6시가 넘어서야 청소를 마칠 수 있었다. 정태팔은 수학실을 한 바퀴 돌며 꼼꼼히 살펴보고는 아무 말 없이 나갔다.

"된 거야? 우리 그냥 가도 되는 건가?"

란희가 근심스레 물었다.

"아, 몰라. 일단 가자. 저녁 먹어야지."

노을의 말에 란희도 가방을 집어 들었다.

저녁은 오후 5시부터 7시까지만 먹을 수 있었다. 셋은 누가 먼저랄 것도 없이 별관 식당으로 향했다. 별관 입구에서부터 맛있는 냄새가 솔솔 나기 시작했다. 노을이 둘을 돌아보며 말했다.

"나 때문에 고생했으니까 내가 저녁 살게."

란희가 반색했다.

"그럼 양식으로. 샌드위치에 딸기우유 추가!"

"그걸 다 먹게?"

"거럼."

"너 그러다가 살쪄."

"괜찮아. 몸매는 타고나는 거야."

둘이 토닥거리는 동안 파랑은 한식 메뉴를 고르고 학생증을 찍었다.

"야! 내가 산다니까."

"됐어."

파랑은 그대로 한식 배식구를 향해 갔다.

"특이해. 너도 특이하지만, 쟤도 참 특이해."

란희는 그런 파랑의 태도가 재미있는 모양이었다.

"그렇지? 아~ 나 쟤랑 한 학기 동안 짝인 것 같던데."

"잘해 보게나, 친구."

한 번에 400명까지 수용 가능한 식당은 학생 수에 비해 지나치게 넓었다. 2년 후, 세 번째 신입생이 들어올 무렵이 되어야 북적거릴 예정이었다. 색색의 테이블과 밝은 조명이 화사한 분위기를 만들었고, 잔잔하게 흘러나오는 클래식 음악은 느긋하게 식사를 할 수 있게 해 주었다.

양식 코너에서 메뉴를 받은 노을과 란희는 자연스럽게 파랑의 옆에 가서 앉았다. 파랑은 두 사람이 같은 테이블에 앉자 귀찮은 기색을 내비쳤다. 그래도 딱히 밀어내지는 않았다.

청소하느라 배가 고팠던 세 사람은 부지런히 숟가락을 움직였다. 열심히 음식을 해치우고 있는데 식당이 술렁였다. 란희가 고개를 들어 보니 태수였다. 수학중학교에서 하루 만에 유명인사가 된 태수는 벌써 자신의 추종자들을 몇 거느리고 있었다.

여자애들은 그런 태수를 보며, 순정만화적 상상을 아끼지 않았다. 란희가 샌드위치를 주문하고 있는 태수를 가리키며 노을에게 물었다.

"쟤 말이야. 너랑 같은 방 쓰지?"

"응."

"어때? 우리 반 여자애들이 아주 난리던데. 멀쩡하게 생기고 차석 입학자인 데다가 집안이 그렇게 좋다며?"

노을은 태수를 응시했다. 생각해 보니 태수에 대해 아는 게 없었다.

"잘 몰라. 그보다 네 앞에 앉아 있는 이 녀석은 수석이거든?"

란희의 시선이 파랑에게로 움직였다.

"아! 그러네. 파랑이 얘기도 많이 해. 그런데 얘는 진입 장벽이 너무 높아. 심지어 싸가지 없다고 소문 다 났음. 잘은 생겼는데 좀 차가워 보인다나. 일부 마니악한 애들 말고는 공략 안 할 것 같아."

"나는?"

"너? 너야 존재감 없지. 그나마 다행이다. 앞으로도 눈에 띄지 마. 관리하기 힘들어지니까."

사람을 앞에다 두고 이런 소릴 하다니. 파랑은 어이가 없었다. 하지만 이상하게도 싫지는 않았다. 게다가 란희와 노을의 관계에는 지켜보는 사람을 편안하게 만들어 주는 무언가가 있었다.

식사를 마친 세 사람은 나란히 기숙사로 향했다.

"내일은 지각하지 마!"

란희가 손을 흔들며 여자 기숙사로 들어가자, 파랑과 노을도 걸음을 옮겼다. 노을은 2층에서 파랑과도 헤어지고, 기숙사 방으로 향했다.

문을 열자, 어느새 익숙해진 공기가 노을을 맞이해 주었다. 태수는 노을이 들어왔음에도 돌아보지 않고 문제집을 풀고 있었다. 슬쩍 보니 수학 문제집이었다. 어제도 12시가 넘어 들어온 태수는 도서관에 있었다고 했다.

"넌 공부가 재밌냐?"

"공부를 재미로 하는 사람도 있나?"

태수는 문제집에서 시선을 떼지 않고 대꾸했다.

"뭐, 그냥 신기해서."

"신경 꺼. 넌 네 할 일이나 해."

태수는 이틀 동안 노을을 살펴보며, 두 가지 사실을 깨달았다. 공부에 크게 취미가 없다는 것과 장난이 심하다는 것. 문제는 두 가지 모두 태수 마음에 들지 않는다는 것이다. 게다가 어제는 새벽까지 노트북을 보며 낄낄거리기까지 했다. 한심, 그 자체다.

"그러자. 그래."

노을은 냉담한 태수의 반응에 별로 신경 쓰지 않는 듯 노트북을 켰다. 잠시 노을을 응시하던 태수도 이어폰을 귀에 꽂고 다시 문제집을 들여다보았다. 노을은 어깨를 한번 으쓱해 보이고는 헤드셋을 썼다.

"딩동. 왜 이제 와."

연결음과 함께 퉁명스러운 피피의 목소리가 들려왔다. 그러자 노을의 입가에 미소가 걸렸다.

"어, 인터넷 연결됐네."

"10시에 자동으로 차단된대."

"그렇구나. 잠깐만 기다려 봐."

인터넷이 연결된 것이 기분 좋은지 피피의 목소리에 약간의 애교가 섞였다.

"뭐 하는데?"

"공부."

"무슨 공부?"

"추가 다운로드 항목이 있었거든."

"패치 같은 건가?"

"비슷해. 난 인터넷에 돌아다니는 새로운 정보를 확인하고 분류해서 내려받게 되어 있어."

노을은 고개를 갸웃했다. 이해가 잘 되질 않았다.

"내려받은 다음에는?"

"공부한다니까."

"그런 게 가능해?"

"난 성장형 프로그램이거든. 세상이 발전하면, 나도 같이 발전해."

"넌 완벽하니까?"

"그럼."

노을이 키득거렸다. 그렇다면 수긍할 수 있었다. 세상에 완벽한 프로그램은 없다. 그게 무엇이든 그것을 앞지를 만한 새로운 것이 나타나는 세상이었다. 하지만 거기에 맞춰 진화할 수 있다면, 그 자체로 완벽하다고 할 만했다.

"계속 공부해. 난 게임 들어가야 해."

"그건 괜찮은데, 나 *끄지만 마.*"

"알았어."

가볍게 대답한 노을은 게임에 접속했다. 상점에 가서 필요한 아이템을 사고 나오자 파티원을 모집하는 친구들이 인사를 걸어 왔다. 오늘도 줍줍던전에 들어갈 모양이었다. 합류해 볼까 했지만, 또 튕길지도 모른다는 생각에 마을 근처 사냥터를 돌아다녔다.

그리고 10시가 되자 어김없이 서버에서 튕겨져 나왔다.

노을이 아쉬움에 입맛을 다셨다. 이래서는 집에서보다 게임할 시간이 더 없었다.

"그럼 우리 어제 하던 거 마저 할까?"

"좋아."

노을은 피피의 도움으로 보안 프로그램에 접속했다. 어디부터 건드려야 할지 천천히 살펴보는데 모니터에 구조도가 나타났다.

"여기서 인터넷 연결을 제어해."

"확실해? 어제는 못 찾았잖아."

"아까 공부했잖아."

고작 2시간이 흘렀을 뿐이다.

"뚫고 들어갈 수 있겠어?"

"당연하지. 아직 다 배우진 못했지만, 이 정도는 할 수 있어."

자신감만큼은 최고인 프로그램이었다. 그때였다. 팝업 창이 하나 떠올랐다.

— 여기까지 오느라 수고했다. 오늘은 이만 자라. gun007

그러더니 프로그램이 지워지기 시작했다. 노을은 막아 보려고 했지만, 아무런 명령어도 듣지 않았다.

"아아아아~~ 내가 지워진다아~~~~."

피피가 괴성을 지르며 엄살을 부렸다.

노을은 전원을 차단하려고 했지만, 노트북이라 그마저도 쉽지 않았다. 결국, 노을은 자신이 만든 해킹 프로그램을 비롯한 모든 프로그램이 지워지는 장면을 멍청하게 지켜보아야 했다.

3분 후, 노을의 노트북에 남은 프로그램은 피피뿐이었다.

gun007과의 만남은 이렇게 시작됐다.

2장

쉬운 게 없어!

진노을, 암호코드 : 99 / 50

노을은 다크서클이 턱까지 내려온 상태로 기숙사 방을 나섰다. 그동안 만들었던 해킹 프로그램부터 개인적인 사진, 장르별로 모아 놓은 애니메이션 폴더까지 모두 사라져 버렸다.

노트북은 마치 막 사 가지고 나온 것처럼 깨끗하게 포맷되어 버렸다. 아무리 복구해 보려고 해도 소용없었다. 남아 있는 건 윈도와 피피뿐이었다. 피피마저 사라지는 줄 알고 심장이 덜컹 내려앉았었다.

덕분에 노을은 좀비 상태였다. 생각 같아서는 기숙사에서 하루 쉬고 싶었지만, 란희의 주머니를 불려 주고 싶지는 않았다. 노을은 피피의 부탁으로 노트북을 켜 놓고 기숙사 방을 나섰다.

무거운 몸을 이끌고 교실에 들어가 보니 대부분의 아이들이 이미 자리에 앉아 공부하고 있었다.

'인간미 없이 아침부터 공부는…'

늘어지게 하품을 한 노을은 한쪽에서 떠드는 아이들의 얘기를 듣고 나서야 오늘이 수학 심화반 편성 테스트가 있는 날이라는 걸 깨달았다. 그래서인지 아이들의 책상에는 모두 수학책이 펼쳐져 있었다.

'테스트에 빠지면 란희가 난리 칠 테니 나오길 잘했네.'

잠깐 생각에 빠진 노을의 시야에 파랑이 들어왔다. 모두 수학 공부에 매진하는 가운데 파랑만이 영어 참고서를 꺼내 놓고 있었다.

"너는 수학 시험공부 안 해?"

"그런 건 평소에 하는 거야."

참고서에서 시선을 떼지 않은 파랑이 답했다.

"어, 그래."

어떤 문제가 나와도 걱정 없을 정도로 준비가 되어 있다는 뜻일 것이다. 그런데 수석 입학자의 패기라고 하기엔 파랑의 표정이 너무 담담해 보였다.

노을은 이 열공 분위기를 견디지 못하고 잠을 청해 보려고 했다. 그런데 뒷문에서 란희가 기웃거리는 모습이 보였다. 노을과 눈이 마주친 란희는 방긋 웃으며 교실 안으로 들어섰다.

"오늘은 지각 안 했네?"

"어째 아쉬워하는 것 같다?"

"괜찮아. 오늘 테스트 결과 보고하면 되니까."

"그런 것까지 보고하냐?"

가뜩이나 심기가 불편한 노을의 미간이 찌푸려졌다.

"그럼, 내가 이 학교를 왜 왔는데."

"알았으니까 너희 반으로 좀 가라. 피곤타."

"안 그래도 갈 거네요. 파랑이 시험지 커닝이나 하지 마. 너! 얘 보여 주지 마."

파랑에게도 아무렇지 않게 말을 건넨 란희는 요란하게 손을 흔들며 자기 교실로 돌아갔다.

"정신없어."

파랑이 영어 참고서에 밑줄을 그으며 무심하게 말했다.

"그렇지? 가끔 보면 쟤 좀 돈 거 같을 때가 있어."

파랑은 너도 마찬가지라고 말해 주고 싶었지만, 참아 내고 다음 페이지를 넘겼다. 노을이 다시 입을 달싹거리는데, 김연주가 앞문을 열고 들어왔다. 또각또각, 일정한 박자를 지닌 발소리가 교실 안에 울렸다. 교탁 앞에 선 김연주는 잠시 아이들을 둘러보았다.

"안녕, 얘들아! 오늘 심화반 편성 끝나면 반장선거도 할 거야. 자, 그동안 수고해 준 임시반장 태수에게 박수!"

아이들의 박수 소리를 들으며 태수는 뒤쪽에 앉은 파랑을 힐끔거렸다. 반장선거에서만큼은 자신이 파랑을 이겨야겠다고 결심을 다졌다.

"자, 1교시에 심화반 편성하는 것 알고 있지? 반장선거는 특별활동 시간에 할 거야. 태수가 종례시간까지 수고해 주고. 1년 동안 우리 반을 이끌어 줄 친구로 누가 좋을지 미리 생각해 놔. 그리고 수학 테스트는 너무 걱정할 것 없어. 생각보다 재미있을 거야."

말을 마친 김연주는 교실을 천천히 돌며 아이들의 자리를 점검했다. 잠시 후 안내방송이 시작되었다.

— 지금부터 심화반 편성 시험이 시작됩니다. 학생들 모두 제자리에서 방송을 들어 주시기 바랍니다.

아이들이 필기도구를 꺼내느라 교실이 소란스러워졌다.

— 각 반 담임 선생님들께서는 시험지를 나눠 주시기 바랍니다.

안내방송에 맞춰 김연주가 아이들에게 시험지를 한 장씩 나눠 주었다. 시험지를 받아 본 노을은, 당황해서 들고 있던 펜을 떨어트렸다. 당황하기는 다른 아이들도 마찬가지였다.

시험지에는 본관(1동), 별관(2동), 건국관(3동), 창조관(4동)으로 표시된 학교 지도와 이것만이 적혀 있었다.

진노을, 암호코드 : 99 / 50

— 숫자들은 교내에 배치된 어느 한 컴퓨터를 가리킵니다. 지정된 자신의 컴퓨터에 가서 반과 이름을 입력하면 심화반이 배정됩니다. 다시 한 번 설명하겠습니다. 주어진 문제를 풀면, 교내 어느

컴퓨터에 가서 자신의 이름을 입력해야 하는지를 알 수 있습니다. 성공한 순서대로 A, B, C, D반에 배정될 겁니다.

"뭘 어쩌라는 거야."

아이들이 한차례 술렁였다. 아이들마다 주어진 암호 코드가 조금씩 달랐기 때문에 상의할 수도 없었다. 조금 전까지 하품을 하던 노을의 얼굴에 미소가 걸렸다. 이 학교, 뭔가 재미있다.

— 시작종이 울리고 나면 첫 번째 힌트가 나갑니다. 그리고 15분마다 새로운 힌트를 하나씩 더 알려 줍니다. 힌트를 이용해서 자신의 암호를 풀면 됩니다. 푸는 방법은 첫 번째 조례시간에 배웠습니다. 소인수분해를 이용하시면 됩니다. 첫 번째 힌트입니다. 암호코드 : 22 / 40을 풀면 2동 / 3층 4번 컴퓨터. 이상입니다.

아이들이 웅성거리기 시작했다. 제대로 못 들은 아이, 이해를 못 한 아이들이 뒤섞여 소음을 만들어 냈다. 노을은 받아 적은 힌트를 토대로 가만히 생각에 잠겼다. 벌써 움직이기 시작한 아이들도 몇 있었지만, 노을을 비롯한 몇몇은 책상 앞에 앉아 있었다. 어디로 가야 할지 정해지지 않은 상태에서 움직이는 건 의미가 없었다. 먼저 힌트를 풀어야 했다.

노을은 받아 적은 힌트를 노려보았다.

'첫 번째 힌트 : 22 / 40을 보면 2개 부분으로 나뉘어 있어. 그렇다면 차례대로 22는 2동을, 40은 3층 4번 컴퓨터를 나타내고 있을 거야.'

노을은 일단 두 수를 소인수분해해 보기로 했다.

$$2 \overline{)22}$$
$$\enspace ⑪$$

$$2 \overline{)40}$$
$$2 \overline{)20}$$
$$2 \overline{)10}$$
$$\enspace ⑤$$

나눈 소수들과 마지막 몫을 모두 곱해 거듭제곱으로 나타낸다.

$22 = 2 \times 11 = 2^1 \times 11^1$

$40 = 2 \times 2 \times 2 \times 5 = 2^3 \times 5^1$

◯ : 소수인 몫이 나올 때까지 소수로 나눈다.

풀기는 했지만 이게 어떻게 2동, 3층 4번으로 연결되는지는 알 수 없었다. 노을은 숫자들을 이리저리 굴리면서 더하기, 빼기, 곱하기 등 할 수 있는 모든 것들을 해 보았다.

그런데 웬일인가! 무작정 해 본 계산 중에 답이 있었다.

$$40 = 2^3 \times 5^1$$

거듭제곱들의 밑인 2와 5의 차가 3층을, 지수인 3과 1의 합이 4번이 됨을 알아낸 것이다. 노을은 위대한 발견이라도 한 듯 두 손을 모으고, 마음속으로 쾌재를 불렀다.

그때, 두 번째 힌트가 흘러나왔다.

— 두 번째 힌트입니다. 암호코드 : 555 / 45를 풀면 3동 / 2층 3번 컴퓨터. 이상입니다.

노을의 예상대로라면 $45=3^2\times5^1$으로 밑인 3과 5의 차가 2층을, 지수 2와 1의 합이 3번 컴퓨터를 나타내는 것이다. 역시 두 번째 힌트도 맞아떨어졌다.

'뭐야, 수학중학교 수준이 이 정도밖에 안 돼? 별거 아니네. 근데 3동은 어떻게 나온 거지? 아! 첫 번째 힌트에 22는 2가 두 번 나와서 2동, 두 번째 힌트에 555는 5가 세 번 나와서 3동인 거지. 그럼 내 암호 99 / 50을 풀면 99는 2동, 50은 $2^1\times5^2$이니까 3층 3번 컴퓨터를 가리켜.'

노을은 기지개를 한번 쭉 켜며 주위의 아이들을 쳐다보았다. 대부분은 감을 잡지 못한 것 같은 표정이었다.

'란희가 통곡하겠네.'

노을은 느긋하게 교실을 나섰다. 복도에는 생각보다 많은 아이들이 서성거리고 있었다. 노을은 별관 3층 복도에 도착했다. 복도에는 노트북 5대가 놓여 있었다.

3번 노트북 앞에 서자, 왠지 심장이 두근댔다. 화면에 떠 있는 창에 '2반 진노을'을 입력하고 조심스레 엔터 키를 쳤다.

— 올바른 컴퓨터가 아닙니다. 다른 컴퓨터에서 입력하세요!

화면에 떠오른 메시지에 노을이 실망감을 감추지 못했다. 곧이어 세 번째 힌트가 방송됐다. 학교가 다시 술렁거렸다.

— 세 번째 힌트입니다. 암호코드 : 44 / 72를 풀면 4동 / 1층 5번 컴퓨터. 이상입니다.

'72를 소인수분해하면 $72=2^3 \times 3^2$. 그렇다면 밑의 차는 1, 지수의 합은 5니까 역시 1층 5번 컴퓨터가 맞아. 근데 44가 4동이라고? 4가 두 번 나오니 2동이 아니라? 그럼 몇 동인지 구하는 방법이 잘못된 건가? 뭘까? 후우, 모르겠다. 3층 3번 컴퓨터는 확실하니까 가까운 1동부터 하나씩 다 돌아보자. 뛰면 되지 뭐.'

노을은 나머지 3개 동을 차례로 다 돌아서 컴퓨터를 찾을 생각이었다. 차례로 본관(1동), 건국관(3동)을 거쳤지만 모두 아니었다. 하필 3층 3번 컴퓨터여서 오르락내리락하기가 여간 힘든 게 아니었다. 노을은 열심히 달려 마지막 창조관(4동) 앞에 도착했다.

오가는 동안 방황하는 아이들이 목격되자 슬슬 불안해졌다. 만약 4동도 아니라면 층수와 번호마저 틀린 게 아닌가! 그러면 암호를 처음부터 다시 풀어야 했다.

'역시 머리가 나쁘면 손발이 고생이야.'

노을은 3층에 도착했다. 1번 컴퓨터에는 먼저 온 파랑이 자신의 이름을 입력하고 있었다. 노을이 들어서자, 파랑은 그대로 떠나 버렸다. 모니터엔 '임파랑 학생, 정태팔 선생님의 A반에 배정되었습니다'라는 문구가 떠 있었다. 노을도 3번 컴퓨터에 이름을 입력했다. 그리고 거침없이 엔터 키를 눌렀다.

— 진노을 학생, 정태팔 선생님의 A반에 배정되었습니다.

"아싸!"
하지만 즐거운 것도 잠시였다. 정태팔이라니! 노을은 금세 울상이 되었다. 란희에게 추가 수당을 주지 않으려고 열심히 풀기만한 나머지 누가 담당 교사가 될지는 전혀 염두에 두지 않았다. 이렇게 되면 남들보다 빨리 성공해 버린 똑똑한 자신을 탓하는 수밖에 없었다.
노을이 아쉬운 눈초리로 컴퓨터에서 몸을 돌리자, 태수가 놀란 눈치로 서 있었다. 자신보다 노을이 먼저 문제를 푼 것에 대한 놀라움이었다. 노을이 알은체를 했지만, 태수는 딱딱하게 굳은 얼굴로 건너편의 5번 컴퓨터 앞으로 갔다.
'쟤도 참 힘들게 산다.'
태수가 정답을 입력한 순간 안내방송이 울려 퍼졌다.

― 지금부터 정답자는 심화반 B에 배정됩니다.

조금만 늦게 왔어도 B반이 될 수 있었다. 노을은 애매한 기분을 안고 교실로 향했다. 심화반 편성이 끝나고 난 후 몇 교시 동안 잠이 쏟아졌다.

밤새 노트북 복구 작업을 한 데다, 수학이 아니라 달리기로 심화반 배정을 받은 셈이니 더 피곤했다. 정신없이 졸다 보니 수업이 모두 끝나 있었다.

반장선거를 의식한 탓인지 반의 분위기가 조금 고조되었다. 종례시간을 알리는 종이 울리자 앞문이 열리고, 김연주가 교실로 들어왔다. 선거가 시작되고 후보는 박태수와 임파랑을 포함한 네 사람으로 가닥이 잡혔다.

투표용지를 받은 아이들은 큰일을 앞둔 듯 비장한 눈빛으로 후보들을 찬찬히 살폈다. 아이들의 공약 발표가 이어졌고, 곧 태수와 파랑의 순서가 되었다.

태수가 먼저 교탁 앞에 서자, 여자아이들의 눈빛이 변했다.

"최고의 반을 만들겠습니다. 모두 힘을 합쳐 최고의 반으로 이끌어 나가는 보람된 과정에 함께해 주시길 바랍니다."

모두 태수의 목소리에 귀를 기울이고 있었다. 다음은 파랑이 말할 차례였다. 심드렁하던 노을도 파랑의 공약은 궁금한지 고개를 들었다.

"저는 반장을 할 생각이 없습니다. 후보에서 사퇴하겠습니다."

파랑의 말에 노을은 크게 웃음을 터트렸다. 반 아이들의 시선이 순간 노을에게 몰렸다가 흩어졌다. 그사이 태수의 표정이 차갑게 굳었던 것을 본 사람은 정면을 응시하던 노을뿐이었다.

결국, 반장선거는 파랑을 제외하고 치러졌다. 결과는 태수의 승리였다. 압도적인 차이로 태수가 반장이 되었지만, 그의 표정은 썩 밝지 않았다.

종례가 끝나자 옆 반에서 란희가 건너왔다.

"야! 진또라이 너 심화반 몇 반이냐?"

"A반."

"어차피 탄로 날 거 사기 치지 마."

"A반 맞거든."

"진짜? 어떻게? 네가 푼 거야?"

란희는 말도 안 된다는 듯 꼬치꼬치 캐물었다.

"뭐 반은 풀고, 반은 찍었지."

"수학을 찍어? 장하다, 진노을! 그럼 푼 데까지만 적어 봐. 우리 반은 이게 숙제거든. 정태팔이 내일까지 풀이 과정 알아 오래."

"얘는 다 풀었을걸?"

노을이 파랑을 가리켰다.

"너도 A반이야?"

파랑은 란희를 한번 보더니 고개를 끄덕였다.

"야~ A반은 상위 10명만 뽑았다던데, 이 반에만 2명이네."

"쟤도 A반이야."

노을이 아이들에 둘러싸여 있는 태수를 지목했다.

"아! 그러네. 너희 반에 박태수도 있었지. 그럼 이 반에서만 벌써 3명이야?"

"그럴걸?"

"그래서 정태팔이 화가 났구나. 우리 반은 한 명도 안 나왔거든. 야, 그보다 풀이법 좀 알려 줘. 다른 건 대충 알겠는데, 몇 동인지 구하는 방법은 진짜 모르겠단 말이야."

란희가 파랑에게 매달리자, 노을이 피식 웃었다.

"얘 쉬운 남자 아니다. 박태수한테나 가서 알아봐."

"아~ 그러지 말고 알려 줘. 뭐 그렇게 비싸게 굴어."

파랑은 귀찮다는 듯이 연습장을 한 장 찢어서 란희에게 건네고는 교실 밖으로 나갔다. 란희 손에 들린 종이에는 풀이 식이 적혀 있었다.

〈첫 힌트에 22가 2동을, 두 번째 힌트에 555가 3동을, 세 번째 힌트에 44가 4동을 나타냄. 암호를 푸는 방법은 각 자리의 숫자를 곱하고 이를 소인수분해하여 지수를 확인. 22는 $2 \times 2 = 4 = 2^2$ 여기서 지수 2가 2동을, 555는 $5 \times 5 \times 5 = 125 = 5^3$이므로 3동, 44는 $4 \times 4 = 16 = 2^4$으로 4동.〉

"뭐야. 그냥 나쁜 남자가 아니라 츤데레였잖아."

친절한 풀이 식을 받은 란희는 신나 하며 종이를 가방에 밀어 넣었다.

"밥 먹으러 가자."

지나치게 발랄한 란희의 표정을 본 노을은 미심쩍다는 듯 그녀를 응시했다.

"너 안 억울해?"

"뭐가 억울해?"

"나 A반 됐다니까? 너 이를 게 없어졌다고."

억울해 보이기까지 하는 모습에 란희가 배시시 웃었다.

"네가 몰라서 그러는데. 하긴 성적이 오른 적이 없으니까. 너 성적 올랐을 때 수당이 더 많아. 어휴 예쁜 것. 누나가 저녁 사 줄게."

노을은 순간 멍해졌다.

"아… 내가 무슨 짓을 한 거지."

노을은 허탈한 마음으로 란희를 따라나섰다. 란희를 놀려 줄 생각에 최선을 다해 푼 결과, 정태팔의 반이 되어 버렸다. A반이니 수업 난이도도 가장 높을 것이다.

"무를 수 없나."

"뭐?"

"아니다. 아니야."

물러 달라고 정태팔을 찾아갈 용기는 나지 않았다.

둘이 식당에 들어가 한식을 주문하자, 먼저 온 파랑이 막 자리에 앉으려 하고 있었다. 오늘도 파랑은 혼자였다. 란희가 먼저 파랑의 앞에 앉자, 노을이 자연스럽게 옆에 앉았다.

"넌 왜 맨날 혼자 다녀?"

"혼자가 편하니까."

파랑의 말에 란희가 까르르 웃었다.

"귀엽기는."

"그렇지? 얘 좀 귀여운 것 같아. 아까 반장 뽑는데 얘가 후보였거든. 태수가 추천했는데, 얘가 글쎄 나가서 사퇴하겠다고 하는 거야. 그때 태수 표정을 봤어야 하는데."

"태수가 반장되지 않았어? 그런데 왜 추천을 해? 라이벌 아니야?"

"쟬 이기고 싶은가 봐. 반장선거에선 자기가 이길 거라고 생각했나 보지."

노을은 정말 재밌다는 듯이 키득거렸다.

"어휴~ 왜들 다 이렇게 귀엽냐."

란희의 반응은 항상 파랑을 당황스럽게 만들었다. 하지만 다른 아이들처럼 힘들지는 않았다. 란희에게는 이면이 없는 것 같았다. 앞에서 웃고 뒤에서 욕하기보다는 앞에서 욕하는 스타일이랄까.

셋은 식사를 마치고 나란히 기숙사로 돌아갔다. 그러는 동안 노을은 란희에게 노트북을 빌려 달라고 졸라 댔다.

"주말에 A/S 받으러 갈 때까지만 빌려 줘."

"노트북은 왜? 네 노트북이 더 좋잖아."

"어젯밤에 하드 날아갔어. gun007이라는 자식한테."

"뭐? 그게 누구야?"

"몰라. 학교 서버 담당자인가 봐. 겁나 유치해. gun007이 뭐야. 감히 나의 영웅 GUN님을 코스프레하다니."

노을은 분노했다. GUN은 10년 전에 나타나 큰 파문을 일으키고 사라져 버린 전설의 해커였다. 덕분에 해킹 초보자들의 아이디에는 유독 GUN이라는 단어가 많았다.

"gun007? 그 사람이 네 노트북을 왜 날렸는데?"

"어제 10시 넘어서 인터넷 써 보겠다고 노력을 좀 했거든."

"무슨 노력?"

"학교 보안 서버에 접속했었어."

멍하니 듣던 란희의 눈이 동그랗게 커졌다.

"헐. 너 미쳤어? 그러다 걸리면!"

"네가 수당 받겠지."

"아, 그러네. 그래서?"

"어쨌든 접속은 했는데, gun007이라는 놈이 내 하드를 날려 버렸어. 복구할 수 있는지 A/S 센터에 가져가 봐야 해."

"너 다른 건 허당이어도 컴퓨터는 좀 하잖아. 뭔 일이래."

컴퓨터만큼은 자신 있어 하던 노을이었다. 초등학교 때부터 크고 작은 프로그램을 만들어 아이들에게 돌리기도 했었다.

"학교 안에서 발리다니 굴욕이야. 그 자식 꼭 찾아낼 거야!"

노을이 패기 있게 외쳤다. 그러자 앞서 걷던 파랑이 노을을 돌아보며 말했다.

"그만두는 게 어때? 선생님일 텐데."

"뭐? 선생님? 그럴 리가."

"생각해 봐. 기숙사 배치도 그렇고, 어제 수학 테스트도 그렇고 모두 컴퓨터를 이용했어. 적어도 그런 프로그램을 쉽게 만들 수 있는 사람이 있다는 뜻이야."

일리 있는 말이었다. 잠시 고민하던 노을이 선언했다.

"그래도! 선생님이든 누구든 찾아내겠어."

"찾아서?"

"대결이다!!!"

노을은 결의를 다졌고 파랑은 고개를 돌리고 앞서 걸어갔다. 무시하자는 생각이었다. 하지만 오랜 친구인 란희는 노을을 포기하거나 무시할 수 없었다. 그래서 다시 노을의 뒤통수를 세게 쳤다.

"정신 차려! 대결은 무슨. 이미 프로그래밍으로는 발린 거 아냐? 패배를 인정해."

"머리 때리지 말라니까! 그리고 두 번은 안 당해. 잠깐 방심했던 거라고."

"패배를 인정하지 못하는 안타까운 자여."

"어쨌든 노트북 좀 빌려 줘."

"내 노트북을 범죄에 이용할 생각은 버리시게. 꿈도 꾸지 마."

"그럼 토요일까지 컴퓨터 못 쓰잖아."

"그렇지. 그 시간에 공부를 하면 되겠네, 친구."

란희는 노을의 어깨를 툭툭 두드리고는 여자 기숙사를 향해 걸어갔다.

"매정한 것."

노을이 란희의 노트북에 대한 미련을 버리지 못하고 있는데, 저만치 멀어진 파랑이 걸음을 멈춰 섰다.

"그런데 이상하지 않아?"

"뭐가?"

"선생님이었다면 당연히 널 찾아내서 벌세우지 않았을까? 하드만 날리고 끝내지는 않았을 것 같은데."

"어! 그러네. 근데 그건 별로 안 중요해. 어쨌든 내가 찾아낼 거야. gun007!"

노을은 다시 한 번 투지를 불태웠다.

수학 심화반 A

드디어 수학 심화반 수업이 시작되었다. 테스트로 10명, 입시 성적으로 10명을 선발해서 뽑은 A반은 총 20명이었다. 심화반에 들어선 노을은 분위기를 살폈다. 삼삼오오 모여 있었지만, 조용했다. 초등학교 상위 성적의 아이들을 뽑아 만든 수학특성화중학교에서도 상위 클래스였다.

노을이 한숨을 쉬며 자리에 앉자, 막 들어선 란희가 노을을 발견하고 앞자리에 앉았다. 수줍은 표정의 여학생도 란희를 따라 들어왔다.

"야! 넌 심화반까지 쫓아와서 감시냐? 너희 반으로 가."

"미안하지만 나도 A반이네요."

란희가 빙글거리며 대꾸했다.

"뭐? 너 테스트 통과 못 했잖아."

"나도 그런 줄 알았는데, 테스트 통과한 사람 빼고 입시 성적 상위 10명도 A반이래."

"헐. 너 그 정도였냐?"

"왜 이러서. 수학만 빼면 나머지 과목은 너보다 훨씬 잘하거든?"

"뭐야. 그럼 일주일에 두 번은 너랑 같은 수업 들어야 하는 거야?"

"그렇지! 그러니까 잘해라! 아, 그리고 이쪽은 나랑 같은 반 한아름."

"아, 안녕."

아름이 수줍게 인사하자, 노을이 손을 흔들며 답했다.

"란희랑 다니는 거 보니까 성격 좋은가 봐. 난 진노을이야."

아름은 살포시 웃더니 수학책과 노트를 꺼냈다. 노트에는 요즘 가장 핫한 아이돌인 '리미트'의 리더 유리수의 얼굴이 큼지막하게 붙어 있었다. 유리수의 얼굴은 노트뿐 아니라 필통, 샤프, 심지어 지우개에도 박혀 있었다.

"전부 유리수네."

"응. 멋있지? 내가 제일 좋아하는 사진이야."

아름은 노트를 쳐다보며 수줍게 웃었다.

"어, 그래."

물론 유리수가 잘생기긴 했다. 같은 남자인 노을이 봐도 그랬다. 하지만 노트에 붙은 사진은 지나친 보정 탓에 사람이라기보다는 핏기 없는 인형처럼 보였다. 노을은 자신의 감상을 말하는 대신 다른 곳으로 관심을 돌렸다. 팬심은 절대 건드리면 안 된다. 몇 년 전에 한 영화배우에게 폭 빠졌던 란희 앞에서 성형한 거 아니냐고 했다가 영혼까지 탈탈 털렸던 기억이 아직도 생생했다.

교실 안을 두리번거리는데 파랑이 교실에 들어섰다. 란희와 노을을 봤지만, 파랑은 구석진 자리에 떨어져 앉았다.

그때였다. 느릿느릿 슬리퍼 끄는 소리와 함께 기분 나쁜 음침함을 이끌고 정태팔이 교실로 들어섰다. 아이들의 눈은 모두 정태팔에게 향해 있었다. 정태팔은 들어오자마자 자신의 이름을 칠판에 크게 적었다.

"책들 펴라."

사락사락 책장 넘어가는 소리가 교실을 채웠고 아무도 입을 열지 않았다. 노을은 정태팔을 유심히 쳐다보았다. 숱이 적어 딱 달라붙은 머리칼, 오래된 양복, 두꺼운 안경, 무엇보다 꼬질꼬질한 회색 슬리퍼로 완성되는 패션이라니. 그야말로 패션 테러리스트였다.

"심화반 A에 온 것을 환영한다. 너희는 수학특성화중학교 중에서도 상위에 속했다. 1년 동안 다른 반보다 더 많은 걸 배우게 될 거다. 잘 따라와 주기를 바란다."

노을이 살짝 곁눈질해 보니, 모두가 정태팔을 바라보며 눈을 빛내고 있었다. 특히 태수는 자신이 이 안에 들었다는 사실이 기쁜지 얼굴이 상기되어 있었다.

"심화반은 조별 수업으로 진행되고, 질문에 정답을 발표한 조는 플러스 포인트를 받게 된다."

아이들이 조금 술렁이자, 정태팔은 다시 아이들을 주목시켰다. 그때, 갑자기 란희가 손을 들었다.

"뭐지?"

"포인트를 많이 받으면 혜택이 있나요?"

란희의 돌발 질문으로 교실에 싸늘한 공기가 감돌았다.

"자네는 궁금한 게 많군. 뭐, 좋다."

정태팔은 칠판에 '1,000'이라고 크게 적고 뒤돌아섰다.

"우리 학교는 다른 학교와 차별화된 정책이 있다. 바로 이 숫자가 그것이다. 앞에 자네. 학생증 좀 줘 보겠나."

앞줄에 있던 여학생이 주섬주섬 학생증을 꺼내 건넸다.

"학생증에 적립된 포인트를 학교 안에서 현금처럼 쓸 수 있다는 말은 들었을 거다."

순간 아이들의 표정이 흥미진진하게 바뀌었다.

"우리 학교에는 A반부터 D반까지 4개의 심화반이 있다. 각 반에서 200포인트를 나눠 갖는다. 그리고 특별히 A반에는 200포인트가 추가로 더 할당되었다."

정태팔이 다시 400이라는 숫자를 적었다.

"정답을 발표한 조는 문제 난이도에 따라 이 포인트 중 일부를 적립받게 된다. 포인트는 조원의 카드로 균등하게 분배되고, 1포인트는 1만 원이다. 이는 장학재단으로부터 지급된 1,000만 원이라는 장학금을 우리 학교만의 방식으로 너희에게 공정하게 돌려주는 시스템이다."

아이들 입에서 놀라움과 탄성이 터져 나왔다. 누가 먼저라고 할 것도 없이 칠판에 쓰여 있는 400이라는 숫자를 노려보았다. 수학 문제라면 자신 있는 태수도, 돈이라면 물불 안 가리는 란희도, 한 정판 유리수 이어폰을 손에 넣고 싶은 아름도, 컴퓨터 업그레이드를 하고 싶은 노을도 마찬가지였다.

'역시 이 학교는 재밌어!'

노을의 표정에 에너지가 차올랐다. 이 가운데 파랑만이 무표정을 유지하고 있었다.

"심화반 수업 외에도 학습 태도, 출결 상황 등을 반영해 다양한 방식으로 장학금이 분배될 예정이다. 이후에 각 담임 선생님께서 자세히 설명해 주실 거고, 이 내용은 가정통신문으로 너희 부모님들께도 안내되었다. 그럼 10분을 줄 테니 네 명씩 조를 짜도록. 10분이다!"

정태팔은 시계를 보더니 창가에 서서 밖을 바라보았다. 그때부터 아이들은 조금씩 소란스러워졌다. 란희는 노을을 돌아보며 말했다.

"일단 우리 셋이 할까?"

"난 너랑 같이 하기 싫은데?"

"시끄럽고. 아, 한 명을 더 구해야 하는데."

란희는 노을의 사소한 반항을 살포시 무시하고 주위를 둘러보았다. 장학금 포인트를 위해서라도 나머지 한 명은 공부를 잘하는 아이였으면 했다.

"난 싫어. 너 수학 못 하잖아. 나 컴퓨터 업그레이드해야 된다고."

"나 말고 친구도 없잖아. 음, 남은 한 명은 파랑이로 결정."

란희가 고개를 돌려 보니 태수가 벌써 파랑에게 말을 걸고 있었다.

"우리 조에 들어와라. 한 자리 비었어."

"됐어."

"어차피 조는 짜야 하잖아. 우리 조에는 나도 있지만, 지석이도 있어. 장학금 받기 유리할 거다."

파랑이 다시 거절하려는데, 란희가 척척 걸어와 옆에 섰다.

"안 되는데?"

란희의 당돌한 한마디에 태수가 돌아보았다.

"뭐?"

"얘 우리 조거든."

"무슨 소리야?"

태수가 파랑을 돌아보았다. 파랑 역시 영문을 모르겠다는 표정이었다.

"내가 조금 전에 그렇게 정했어."

"뭐?"

태수가 어이없다는 듯 란희를 응시했다. 하지만 란희는 그런 태수를 무시한 채 말을 이었다.

"파랑아, 우리 조로 들어와라."

잠시 고민하던 파랑은 아무 말 없이 일어나 란희를 따라 움직였다. 태수에게 계속 시달리느니 노을과 란희가 있는 조가 나을 것 같다는 판단이었다. 아무리 타인에게 무심한 파랑도 태수가 자신을 어떻게 생각하고 있는지 정도는 알고 있었다.

혼자 남은 태수는 파랑이 노을의 옆자리에 앉는 모습을 지켜보며 화를 삼켜야 했다.

"이제 다들 자리에 앉아라. 수업을 마칠 때까지 조별로 반과 이름을 적어서 내도록. 아직 조를 못 찾은 사람 있나?"

정태팔의 물음에 아무도 대답하지 않았다.

"좋아. 왼쪽부터 1조, 2조… 임파랑이 있는 조가 5조다. 그럼 이제 최소공배수에 대해 알아보자. 거기 창가에 앉은 단발머리 여학생. 이름이 뭐지?"

"하, 한아름이요."

정태팔은 자기 반 학생 이름도 아직 외우지 못하고 있었다.

"앞으로 대답할 때는 '입니다'라고 정확하게 말하도록. 한아름, 최소공배수가 뭐지?"

"네? 아, 최소공배수는… 그러니까 가장 큰, 아니, 가장 작은…"

아름의 목소리가 점점 기어들어갔다. 교실은 어색하고 차가운 침묵에 휩싸였다. 잠시 아름의 대답을 기다리던 정태팔은 평소보다 더 무거운 목소리로 말했다.

"내 수업은 예습하지 않으면 따라올 수 없다. 수업은 예습한 내용을 확인받고, 복습할 내용을 알아 가는 곳이다. 수업에서 완전히 새로운 것을 배우겠다는 생각은 버려라. 스스로 공부해서 알아야 진짜 공부다. 그리고 나는 그걸 확인해 주는 사람일 뿐이다. 앞으로는 예습 없이 내 수업에 들어오지 않았으면 한다."

노을은 아름의 옆모습을 가만히 보았다. 완전히 기가 죽어 울먹거리며 고개를 숙이고 있었다. 정태팔의 말은 이상했다. 그런 식이라면 굳이 학교에 다닐 필요가 없는 것 아닌가. 심사가 꼬인 노을이 손을 번쩍 들고는 말했다.

"선생님, 질문이 있습니다."

정태팔이 허락의 의미로 고개를 끄덕였다.

"그럼 이 수업은 왜 필요한 겁니까? 어차피 예습해서 각자 공부할 거고, A반 애들은 뭐 저 빼고 다 똑똑해 보이는데 이 수업, 의미 없는 것 아닌가요?"

정태팔의 미간이 꿈틀거렸다. 노을의 도발에 A반 모든 아이들이 숨을 삼켰다. 무표정으로 일관하던 파랑마저 놀란 듯했다. 정태팔은 고압적인 표정으로 입을 열었다.

"내 수업 방식에 불만이 있나? 자네 이름이 뭐지?"

"진노을입니다."

당장에라도 나가라고 소리칠 것 같았던 정태팔은 '진노을'이라는 이름을 듣더니 움찔거렸다.

"네가 진노을이라고?"

"네."

"흠흠. A반은 이미 선행학습을 마친 친구들이 대부분이다. 그런 A반을 위한 효율적인 수업 방식이다. 불만이 있더라도 따라오도록."

정태팔은 그렇게만 말하고, 매우 어색하게 수업을 시작했다. 정태팔답지 않은 반응에 A반 아이들은 모두 당황했다. 이대로 아무 소란 없이 지나갈 정태팔이 아니었기에 곳곳에서 웅성거림이 감지되었다.

정태팔의 태도에 대한 이유를 아는 이는 노을과 란희뿐이었다.

"초등학교 때 이미 배운 내용이다. 최소공배수는 공배수 중에 가장 작은 수를 말한다. 예를 들어 4와 6의 공통 배수인 공배수를 구해 보면 12, 24, 36… 이렇게 되겠지. 그리고 그 공배수 중 가장 작은 12가 최소공배수가 된다."

아름이 낮은 목소리로 란희에게 속삭였다.

"나 심장이 쪼그라드는 줄 알았어. 분명히 아는 건데 왜 일어나니까 말을 못 하겠지?"

"정태팔이 주눅 들게 하잖아."

"그런데 노을이가 대들었잖아. 정태팔, 왜 난리 안 치지?"

"노을이가 마법의 주문을 외워서 그래."

"마법의 주문?"

아름은 더 궁금해진 모양이었지만, 정태팔의 시선이 자신에게로 향하자 입을 다물었다.

그랬다. 마법의 주문! 어린 시절부터 노을의 이름은 마법의 주문과도 같았다. 무슨 짓을 해도 용서되는 주문 말이다. 학교에서도, 친구들 사이에서도 마찬가지였다. 물론 그 앞에는 이런 말이 생략되어 있었다.

'대권 후보이자 국회의원 진영진의 아들 진노을.'

노을의 표정이 더욱 심드렁해졌다. 이름을 말하지 않았다면, 정태팔은 분명 자신에게 당장 나가라고 소리를 질렀을 것이다. 아니, 더한 것도 했을지 모른다. 재미없고 시시한 어른. 노을이 본 정태팔은 딱 그런 모습이었다.

"조별로 나와서 뒤에 있는 바구니를 하나씩 가져가도록. 바구니 안에는 가로 30㎜, 세로 15㎜, 높이 20㎜인 직육면체 모양의 블록이 들어 있다. 블록을 초록색 판에 빈틈없이 쌓아 가장 작은 정육면체를 만들어 제출한다. 선착순 한 조만 4포인트를 준다."

앉아 있느라 좀이 쑤시던 노을이 벌떡 일어나 블록을 가지러 갔다. 블록을 들고 온 노을이 자리에 앉으며 중얼거렸다.

"이거 그냥 대충 쌓아서 정육면체 만들면 되지 않나?"

"대충은 무슨! 무려 4만 원이 걸려 있는데."

그랬다. 4포인트, 즉 4만 원의 장학금이 과제 하나에 지급되는 것이다. 바구니를 내려놓자마자 란희가 블록을 이리저리 쌓기 시작했다. 아름은 말없이 무언가 끄적거리며 계산을 하는 듯했고, 노을과 파랑은 아무 말 없이 아이들을 쳐다봤다.

"블록을 쌓으면 가로는 30, 60, 90… 30의 배수로, 세로는 15, 30, 45… 15의 배수로, 높이는 20, 40, 60… 20의 배수로 길이가 늘어나잖아. 그런데 정육면체는 모든 변의 길이가 같아야 하니까 30, 15, 20의 공배수를 구해야 하는 거 아니야? 가장 작은 정육면체니까 최소공배수다!"

란희가 말하자, 노을이 그녀의 머리를 헝클어트렸다.

"오구오구 잘한다. 다 풀었어?"

"아, 씨! 머리 엉키잖아!"

란희가 노을을 잡아먹을 듯이 노려보는 사이에 아름이 계산을 마쳤다.

"최소공배수는 60 같은데? 혹시 계산이 틀리진 않았겠지? 두 가지 방법으로 해 보긴 했거든."

아름과 함께 고민하던 란희는 노을을 노려보았다.

"가만있지 좀 말고 거들어 봐! 수학은 네가 나보다 낫잖아."

"나 안 풀었는데."

$5 \overline{)\ 30 \quad 15 \quad 20}$

$2 \overline{)\ 6 \quad ③ \quad 4}$

$3 \overline{)\ 3 \quad ③ \quad ②}$

$\ 1 \quad 1 \quad ②$

$5 \times 2 \times 3 \times 1 \times 1 \times 2 = 60$

$30 = 2 \quad \times 3 \quad \times 5$

$15 = \times 3 \quad \times 5$

$20 = 2 \times 2 \quad\quad \times 5$

$\overline{}$

$2 \times 2 \times 3 \quad \times 5 = 60$

◯ : 세 수를 공통으로 나눌 수 없을 때, 두 수만 나누고 나누지 않은 한 수는 그대로 내린다.

소인수분해한 세 수에 공통으로 있는 소인수 5 와 공통이 아닌 소인수 2 , 2 , 3 을 모두 곱한다.

　

좌절모드로 빠져들던 란희는 자신의 조에 수석 입학생 파랑이 있다는 사실을 뒤늦게 깨달았다. 란희와 아름의 시선이 파랑에게 로 돌아갔다. 무심하던 파랑이 블록을 쌓아 가며 말했다.

"아름이가 푼 게 맞아. 정육면체 한 변의 길이가 60㎜가 되도록 가로는 $\frac{60}{30}$=2개씩, 세로는 $\frac{60}{15}$=4개씩, 높이는 $\frac{60}{20}$=3개씩 총 2×4× 3=24개를 쌓으면 돼."

파랑의 설명에 란희와 아름의 입이 벌어졌다.

"넌 계산도 안 하고 있었잖아."

"암산했어. 계산은 끝났는데 너희들이 계속 풀고 있길래 말 안 했던 것뿐이야."

"어, 그래."

란희와 아름은 블록을 마저 쌓으려고 노을이 갖고 장난치던 블록을 빼앗았다. 하지만 태수의 조는 이미 완성한 모양이었다. 한 발 늦어 버린 란희는 아쉬움을 감추지 못했다.

길었던 첫 번째 수학 심화반 수업은 그렇게 끝났다. 노을은 앞으로도 꽤나 힘든 시간이 될 것 같은 예감이 들었다. 정태팔이 먼저 교실을 나가자 아름이 조심스레 노을에게 말을 건넸다.

"아까 고마웠어."

"뭐가?"

"혼나서 민망했는데, 내 편 들어 줘서. 여튼 고마워."

노을은 딱히 그녀의 편을 들어 주었다기보다는 정태팔의 수업 방식이 마음에 안 든 것뿐이었다. 하지만 속마음을 말하지는 않았다. 어쩐지 다른 아이들이 노을을 보는 태도도 달라진 것 같은 기분이었다. 머쓱해진 노을은 머리를 긁적였다.

기숙사에 들어간 노을은 습관처럼 노트북 앞에 앉았다. 피피밖에 없지만, 없는 것보다는 나았다. 헤드셋을 쓰고 마우스를 클릭하자 화면이 나타났다. 그런데 노트북 화면이 어제 하드가 날아가기 전의 상태로 복구되어 있었다.

"이, 이게 어떻게 된 거야!"

재접속을 알리는 소리와 함께 피피가 등장했다.

"딩동. 안녕 노을. 내가 복구했어. 완벽하게."

"너 이런 것도 할 수 있어?"

"그럼."

피피가 자신만만하게 답했다.

"어제는 못 했잖아."

"오전 7시부터 인터넷이 되더라고."

"그거랑 이거랑 무슨 상관이야?"

"난 배울 수 있다고 했잖아."

"뭐? 뭘 배웠는데?"

"컴퓨터 데이터 복구."

"그런 것도 배워? 또 뭘 배우는데?"

"뭐든. 인터넷에 떠도는 모든 정보를 배울 수 있어. 지금 처리 속도라면 기본적으로 세팅된 항목을 다 배우는 데 일주일 정도 걸릴 거야."

노을은 당황했다. 비유를 한 게 아니라 정말 배운다는 뜻이었 단 말인가.

"그럼 너 수학 문제 같은 것도 풀 수 있어?"

"당연하지."

피피가 자신을 속이는 것은 아닌지 잠시 생각해 봤지만, 곧 고 개를 저었다. 거짓말을 하는 프로그램이라니 상식적이지 않다. 문 제는, 스스로 배우는 프로그램도 상식적이지 않다는 것이었다.

잠시 멍하니 있던 노을은 폴더를 열어 보았다. 피피 말대로 데

이터가 고스란히 복구되어 있었다.

"진짜네."

기분이 좋아진 노을은 게임 아이콘을 클릭했다. 피피가 어떻게 배운다는 건지는 모르겠지만, 고민해도 알 수 없는 문제에 시간을 낭비하고 싶지는 않았다.

10시까지 남은 시간은 3시간. 지금은 게임을 해야 할 시간이다.

동아리? 동아리!

아이들은 중학교 생활에 빠르게 적응해 갔다. 노을은 10시까지는 게임을, 10시 이후에는 피피와 대화하느라 매일 아침 지각 위기를 겪었다. 하지만 그마저도 조금씩 적응해 가고 있었다.

본격적인 동아리 모집이 시작되자, 아이들은 학교 곳곳에서 무리 지어 계획을 세우는 데 열을 올렸다. 게임 동아리, 드라마 감상 동아리, 댄스 동아리 등 다양한 아이디어가 나왔는데, 정태팔이 동아리 총괄 담당이라는 비보에 그 많던 아이디어들이 흔적도 없이 사라졌다. 게임 동아리에 관심을 보이던 노을도 시들해졌다.

노을은 도서관에 앉아 국어 숙제를 하기 시작했다. 학기가 시작된 지 얼마 되지 않았는데도 숙제의 양이 상당했다.

'아~ 숙제, 숙제, 숙제. 학원에만 안 가면 뭐해. 방과 후 수업이 다른 학교의 두 밴데.'

문제 풀이형 숙제라면 피피의 도움을 받을 수 있었지만, 노가다형 숙제는 직접 할 수밖에 없었다. 투덜거리며 시조를 10번씩 베

껴 쓰고 있는데, 란희가 노을 앞에 앉아서 속달거렸다.

"여기 있었네. 뭐 하냐?"

"신경 꺼 줘."

"그렇게는 못 하지. 너 어느 동아리 들 거야?"

"모르겠어. 너는?"

노을은 동아리에까지 신경 쓸 겨를이 없었다. 매일 밤 피피와 이런저런 프로그램을 만들며 노느라 방과 후 시간이 부족할 지경 이었으니까.

"나는 너 드는 동아리?"

열심히 시조를 적어 내려가던 노을이 펜을 내려놓고 외쳤다.

"아, 왜! 넌 너 하고 싶은 거 하면 되잖아!"

순간적으로 도서관에 앉아 있던 아이들의 시선이 모두 노을에 게 날아들었다. 날카로운 눈초리가 느껴지자, 노을은 어색하게 웃 으며 말을 멈췄다.

"난 너 감시하고 싶은데."

란희가 다시 속삭이듯 말했다. 그녀의 입가에 어린 의미심장한 미소를 발견한 노을은 스산한 느낌에 어깨를 떨었다.

"무섭다. 무서워!"

"업보려니 하고 잘 생각해 봐. 우리 반은 정태팔이 내일까지 결 정하래."

"지금 만들어진 동아리가 몇 갠데?"

노을도 어차피 동아리는 들어야 했다.

"담당 쌤까지 정해진 동아리는 5개야. 교지편집 동아리, 방송 동아리, 사진 동아리, 바둑 동아리, 수학 동아리."

"헐. 수학 동아리? 안 그래도 기승전수학인데 동아리까지 수학 이야?"

"박태수가 만들었으니까. 여자애들한테 인기 좋을 것 같은데?"

"걔도 정상은 아니다. 확실해."

란희도 동의한다는 듯이 고개를 끄덕이고는 재차 물었다.

"그래서 넌, 어디 들어갈 거야?"

"다 별로. 그냥 하나 만들까?"

다시 펜을 집어 들고 끄적거리던 노을이 고개를 들어 란희를 응시했다. 장난기 어린 노을의 눈을 본 란희는 직감했다. 또 무슨 짓을 저지르려는 거다.

"안 돼! 그냥 있는 거 중에서 하나 골라."

"해킹 동아리 어때?"

"해키잉~! 미드 너무 본 거 아님? 왜, 청와대 홈페이지라도 털어 보시지?"

"일단 GUN님 짝퉁을 잡고, 그다음은 뭐 생각해 봐야지."

막상 말하고 나자, 재미있을 것 같았다. 피피만 있다면 청와대 홈페이지도 무리는 아닐 것 같았다. 피피는 배운다는 말을 증명이라도 하듯 매일매일 똑똑해지고 있었다. 스스로 성장하는 프로그램이라니, 대단하지 않은가. 이대로라면 청와대가 아니라 FBI도 털 수 있을지 모른다.

노을이 갑자기 의욕적으로 동아리를 구상하기 시작했다.

"내가 너 때문에 늙는다 늙어. 무슨 사고를 또 글로벌하게 치시려고?"

노을은 벌떡 일어나더니 란희를 끌고 밖으로 향했다. 둘이 복도를 지나가는데 아이들이 모여 있었다. 동아리 모집 공고를 보고 있는 듯했다. 노을도 웅성대는 여자아이들 뒤에 가서 섰다. 몇몇 여자애들은 연신 소곤거렸고, 몇몇은 공고문을 핸드폰으로 찍고 있었다.

벽보를 보던 란희가 말했다.

"박태수 애들이 만든 동아리가 이건가 봐. 수학 동아리 TOPS."

수학 동아리 TOPS

1939
1940
1941
1943
1946
1951
?

"유치하기는."

노을이 무시하며 지나가자, 란희가 종종걸음으로 따라갔다.

"근데 우리 어디 가?"

"교무실."

"정말 해킹 동아리 만들게?"

노을은 걸으며 잠시 고민했다.

"해킹 동아리라고 하면 승인 안 해 줄 테니까, 일단 컴퓨터 동아리라고 하지 뭐."

"진짜 만들게?"

"기다려. 금방 나올게."

노을이 호기롭게 교무실 문을 열고 들어가자, 김연주와 정태팔이 고개를 들었다. 노을은 정태팔에게 고개를 꾸벅 숙인 다음 김연주에게로 걸어갔다. 등 뒤에서 정태팔의 기분 나쁜 시선이 느껴졌다.

"노을이구나."

김연주가 반갑게 맞아 주었다. 오늘도 역시 훌륭한 교사의 표본과도 같은 모습이었다.

"선생님, 저 동아리를 만들고 싶은데요."

"그래? 무슨 동아리인데?"

"컴퓨터 동아리요."

"음. 컴퓨터로 어떤 활동을 하려고?"

김연주의 질문에 노을은 잠시 당황했다. 그것까지는 생각해 보지 않았다. gun007을 잡겠다고 말할 수는 없는 노릇이었다.

"일단 백신 프로그램을 만들어 보고 싶어요."

김연주는 잠시 당황한 것 같더니 특유의 미소를 되찾았다.

"음, 백신 프로그램 만드는 걸 처음부터 하기엔 너무 어려울 것 같고, 다 같이 할 수 있는 조금 더 쉬운 것도 생각해 봐."

노을은 그럴듯한 무언가를 생각해 내야겠다고 결심했다. 이왕이면 쉬운 걸로.

"네. 아, 저 그리고 선생님. 궁금한 게 있어요."

"응."

"저희 기숙사 들어갈 때도 그렇고 심화반 테스트 때도 컴퓨터 프로그램으로 했잖아요. 그거 누가 만드는 거예요?"

"정태팔 선생님이 만드셔."

"네?"

노을의 입이 딱 벌어졌다. 정태팔이 만들었다니! 이메일도 못 쓸 것 같은 이미지인데 의외였다.

"근데 정태팔 선생님은 벌써 수학 동아리 담당하기로 하셔서 안 될 텐데."

"그럼 선생님이 저희를 맡아 주세요."

애초에 정태팔에게 부탁할 마음도 없었던 노을은 재빨리 김연주에게 말했다.

"어쩌지. 나는 컴퓨터 잘 모르는데. 아, 방과 후 컴퓨터 선생님에게 부탁해 보면 어때?"

"네?"

"류건 선생님이셔. 금요일에 첫 수업 있으니까 그때 부탁해 봐."

김연주가 화사하게 웃으며 동아리 개설 신청서를 내밀었다. 류건이라는 이름을 들은 정태팔의 표정이 급격히 어두워졌지만, 노을은 눈치채지 못했다.

교무실을 나선 노을은 란희에게 동아리 개설 신청서를 흔들어 보였다.

"만들 수 있을 것 같아, 컴퓨터 동아리!"

눈을 빛내는 노을을 보며 란희는 작게 한숨을 내쉬었다. 말릴 수 없는 상태였다. 부디 사고나 치지 않기를 바랄 수밖에 없었다.

"그래. 잘해 봐라. 다시 도서관으로 갈 거야?"

"아니. 생각 좀 해야겠어."

건물을 나온 노을은 란희에게 대충 손을 흔들어 보이고는 교정을 걷기 시작했다. 생각할 것이 있을 때 걷는 것은 노을의 버릇 중 하나였다. 노을은 이런저런 생각에 잠겼다. 우선 다 함께 할 수 있는 무언가를 찾아야 했다.

어둑해진 교정은 을씨년스럽기까지 했다. 100명 남짓한 아이들이 사용하기에 이 학교는 지나치게 넓은 느낌이었다. 후문 쪽으로 나 있는 길을 걷는 동안 노을은 아무도 마주치지 않았다는 사실을 깨달았다. 주차장과 버스정류장이 모두 정문 쪽에 자리 잡고 있기 때문에 후문을 사용하는 사람이 드물긴 했다.

그때, 담 밖에서 들려온 목소리가 노을의 발걸음을 붙잡았다.

"gun007이 여기 숨어 있었다니."

담에 다가가 까치발을 들자 눈만 겨우 내놓을 수 있었다. 나뭇가지 사이로 검은색 정장을 입은 남자 여럿이 주위를 둘러보고 있었다. 그중 한 명이 시선을 느꼈는지 고개를 돌리자, 노을은 재빨리 몸을 숨겼다.

'근데 내가 왜 숨은 거지?'

다시 일어나려는데, 다른 목소리가 들려왔다.

"여기서 선생 노릇을 하고 있을 줄이야."

낮게 으르렁거리는 목소리였다.

"일단 찾았다고 보고해. 우리 팀은 여기서 계속 주시한다. 상부의 지시 없이는 움직이지 마. 또 사라지면 찾기 힘들어지니까."

노을은 그대로 담을 붙든 채 생각에 잠겼다. 남자들은 분명 gun007을 찾았다. gun007의 존재감이 다시 노을의 호기심을 부추겼다. 피피는 자신이 그 사람을 찾아 줄 수 있다고 했지만, 그건 노을의 자존심이 용납하지 않았다. 꼭 자신의 힘으로 찾아내고야 말겠다고 결심을 다졌다.

가족보다 더 가족 같은

"잘 먹겠습니다!"

란희의 활기찬 목소리를 시작으로 아이들은 저녁을 먹기 시작했다. 노을과 란희는 숟가락을 들자마자 하나씩 나눠 준 계란 프라이의 노른자를 분리하기 시작했다. 먼저 분리를 마친 노을이 계란 노른자를 란희의 밥그릇에 던지듯 놓았다. 란희는 흰자를 노을의 밥그릇에 쏙 집어넣었다.

아름이 그런 둘을 쳐다보자, 란희가 말했다.

"아, 나는 노른자를 좋아하고, 노을이는 흰자를 좋아하거든. 어렸을 때부터 이렇게 먹었어."

"아, 응."

아름은 그들의 친근한 모습에 은근히 소외감을 느꼈다. 란희와 노을은 모든 걸 공유하고 있는 것처럼 보였다. 아름은 지금까지 내성적인 성격 탓에 친구들과 깊게 친해지지 못했다. 친하게 지내다가도 반이 달라져서 소원해지면 흐지부지되기 일쑤였다. 그래서

인지 노을과 란희의 모습은 부럽기까지 했다.

"무슨 생각을 그렇게 해?"

란희가 말을 걸었다.

"어? 응? 아냐. 참 우리 심화반 예습을 해야 하지 않을까?"

애써 외면하던 문제를 아름을 통해 듣게 된 란희는 숟가락질을 멈췄다. 언제까지 외면할 수만은 없는 노릇이었다.

"일단 밥부터 먹고 스터디 룸에 가서 같이 공부하자."

"난 예습 필요 없는데?"

"시끄러워."

노을의 사소한 반항은 이번에도 자연스럽게 무시되었다.

식사를 마친 아이들은 스터디 룸으로 이동했다. 스터디 룸은 도서관 옆에 있는 작은 공간이었다. 카페처럼 예쁘게 꾸며져 있어서 친구들과 이야기를 나누거나 함께 공부하기에 좋은 곳이었다.

"파랑이는? 진노을, 네가 연락해 봐."

"전화번호 모르는데."

"어떻게 아직까지 짝 핸드폰 번호도 모르냐. 이 사회 부적응자야."

"야! 파랑이가 훨씬 더 부적응자거든."

"두 번째라 좋~겠다!"

스터디 룸의 출입문은 아치형으로 생긴 유리문이었다. 안으로 들어가면 유리벽으로 둘러싸인 몇 개의 작은 방이 있었다. 이미 몇몇 아이들이 방에 들어가 이야기를 나누고 있었다. 유리벽이라 누가 뭘 하는지 훤히 들여다보였지만, 방음이 잘되어 있어서 말소리는 새어 나오지 않았다.

노을과 란희, 아름도 창가 옆 작은 방에 자리를 잡고 앉았다. 란희와 아름이 수학 교과서를 꺼내는데, 노을은 멀뚱히 쳐다보기만 했다.

"뭐야, 책 없어?"

"교실에 있지. 왜? 설마 갔다 오라고?"

"됐어. 그냥 이걸로 봐."

란희는 자신의 책을 내 주고 아름과 함께 책을 보았다. 예습할 부분은 정수와 유리수에 대한 내용이었다. 유리수라니, 아름이 좋아하는 아이돌의 이름이었다. 아이돌치고는 꽤나 이상한 예명이 아닌가.

"그런데 리미트는 왜 예명이 다 그래? 유리수, 무리수, 미지수."

란희가 물었다.

"리더인 유리수 오빠가 수학 덕후거든."

"아이돌이 수학 덕후라고?"

"우리 오빠는 지성과 미모를 겸비했거든."

수줍게 대답하는 아름을 보고는 노을이 물었다.

"너 그럼 설마 수학중학교 리미트 때문에 온 거야?"

"응. 유리수 오빠 이상형이 수학 잘하는 여자랬거든."

단지 수학만 잘하는 여자일 리가 없다. 수학 잘하는 여신이거나, 수학 잘하는 청순 글래머거나, 수학 잘하는 바비인형이겠지. 하지만 노을은 이번에도 하고 싶은 말을 속으로 삼켰다.

"예습하자. 0℃를 기준으로 3℃ 더 높다는 의미의 영상 3℃는 부호로 어떻게 나타낼 수 있을까?"

란희가 낭랑한 목소리로 책의 내용을 읽어 내려가자, 아름이 자연스럽게 그다음 풀이 문장을 읽었다. 그리고 노을은 다시 동아리를 구상하기 시작했다.

"자연수 3에 양의 부호 +를 붙여 양의 정수 +3℃로 나타낸다. 그리고 영하 3℃는 음의 정수 -3℃로 나타낸다."

"좋아, 그럼 유리수는 뭐야?"

다시 란희가 물었다. 이번에는 노을이 대답할 차례였다. 하지만 노을이 딴청을 부리고 있었기 때문에 아름이 답했다.

"방금 말한 정수들을 포함해 분수에 +, - 부호를 붙인 수, 예를 들어 $+\frac{1}{2}$, $-\frac{3}{2}$ 같은 수를 유리수라고 한다."

아름이 '유리수'라고 발음한 부분에서 얼굴이 붉어진 건 기분 탓만은 아닐 것이다.

"어디 보자, 그다음은 유리수인 +3, -3, $+\frac{1}{2}$, $-\frac{3}{2}$을 수직선 위에 나타내 보세요."

"이렇게 하면 되겠네. +3은 원점 0에서 오른쪽으로 3만큼! $-\frac{3}{2}$은 왼쪽으로 $\frac{3}{2}$만큼, 그러니까 -1과 -2 사이! 여기 수직선에 대응하는 점들을 모두 찍었어."

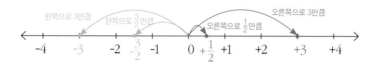

"그리고 절댓값이란…."

아이들이 교과서를 읽어 내려가며 공부하는 동안 노을은 말없이 앉아만 있었다.

"진노을! 넌 안 하냐?"

"응, 난 빼 줘. 이 몸은 동아리 구상 중이시다."

노을이 노트에 'gun007'이라는 단어를 반복해서 적으며 통명스럽게 답했다.

"진짜 만들려고?"

"일단 만들어서 gun007과 대결부터 할 거야."

"그냥 컴퓨터 동아리라고 뭉뚱그리면 동아리 승인이 안 날 텐데? 활동 계획을 구체적으로 정하랬어."

"흠. 그러니까 그럴싸한 걸 생각해 내야지."

그때 스터디 룸 안으로 낯선 남자가 들어왔다. 키가 크고 호리호리한 남자가 슈트를 입고 등장하자 아이들의 이목이 쏠렸다. 그는 스터디 룸 안을 돌아다니며 뭔가를 찾는 것 같았다. 그러더니 충전 중이던 핸드폰 배터리를 찾아서 다시 밖으로 나갔다.

"아! 역시 멋있어!"

"멋지다아."

란희와 아름이 합창하듯 말했다.

"누군데?"

"방과 후 컴퓨터 쌤. 아직 수업 안 했어?"

"우린 내일이야."

"겁나 멋있지."

김연주의 말이 떠오른 노을은 스터디 룸을 나서는 남자의 뒷모습을 뒤늦게 응시했다. 젊은 교사라 말이 잘 통할 것 같았다.

"저 쌤이구나. 우리 동아리 담당 부탁해 보라고 하시던데."

"누가?"

"김연주 쌤이."

"진짜?"

란희의 눈이 초롱초롱하게 빛나는 것을 본 노을은 다른 사람을 찾아볼까 잠시 고민했다. 하지만 마땅한 사람이 떠오르지 않았다.

"근데, 동아리 정하는 거 정말 어렵긴 해. 뭐든 된다고 해서 리미트 팬동아리 만들려고 했다가 혼만 났어. 다른 데 들어가야 하는데 지금 어떤 동아리가 만들어지고 있는지도 모르겠고, 모집 공고만으로 알 수 없는 것들도 너무 많잖아. 무슨 정보가 있어야 고르지. 이번에 가입하면 3년 동안 쭉 해야 한다던데. 수학 동아리 애들도 그렇게 수학 문제 하나만 달랑 적어 놓고 말이야. 뭔가 맘에 안 들어."

아름이 조용히 불만을 토로하자, 란희가 고개를 끄덕이며 동조했다.

"어? 그거다!"

노을이 뭔가 깨달은 듯 외쳤다.

"수학중학교 학생 커뮤니티!"

확신에 가득 찬 목소리였다.

"그게 뭔데?"

"우리 학교 홈페이지에 들어가 봤지? 거기에 우리 학교 학생들만 이용할 수 있는 커뮤니티 게시판을 만드는 거야. 지금처럼 동아리별로 게시판도 만들고, 뭐 다양하게 만들어서 운영하는 거지. 지금의 10시 제한을 깨지 않으면서도 할 수 있는 게 생기는 셈이야."

"오! 괜찮다."

란희의 호응에 노을은 더욱 신이 났다.

"그걸 만들고 운영하는 동아리야. 이 정도면 지원금도 좀 나올 것 같은데."

"그런데 나 그런 거 못 하는데?"

"알아. 게시판은 나 혼자 만들어도 돼. 게시판은 만들어 놓고 나면 할 게 없으니까 동아리 활동 시간엔 각자 하고 싶은 거 하고."

노을이 눈빛을 반짝이자, 란희가 마지못해 입을 열었다.

"그래, 뭐 네가 생각해 낸 것치곤 나쁘지 않네."

"10시만 넘으면 기숙사에서 인터넷이 안 되니까 노트북이 있어도 지뢰 찾기밖에 할 게 없었잖아! 게시판에 플래시게임 올려놓으면 간단한 건 할 수도 있겠다."

"그런데 최소 인원은 채울 수 있겠어? 너 잠정적 왕따잖아."

"왕따 아니거든. 내가 애들을 따 시키는 거거든."

노을이 버럭했지만, 란희는 심드렁하게 답했다.

"그게 그거거든."

"최소 인원이 몇 명인데?"

옆에서 듣고 있던 아름이 물었다.

"학년당 4명, 내년에 4명 더 못 구하면 폐부."

란희의 단호한 어조에 노을이 아름을 빤히 쳐다봤다.

"나? 나도 컴퓨터 잘 못 하는데…."

시선을 느낀 아름의 목소리가 조금씩 작아졌다.

"게시판은 내가 만들 거고, 그냥 운영자 아이디로 돌아가면서 관리만 해 주면 돼."

노을이 아름을 안심시켰다.

"그치만."

"나만 믿어! 내가 다 한다니까."

왠지 믿음직스러운 느낌에 아름이 고개를 끄덕이며 알겠다고 대답했다. 어차피 리미트 팬동아리가 아니라면 어디든 비슷했다.

노을이 게시판 구상으로 눈을 더욱 반짝이자, 아름은 그런 그를 물끄러미 보았다. 그러다 아까부터 궁금했던 것을 용기 내서 물어보았다.

"근데 너희 둘은 무슨 사이야?"

"란희랑 나? 음, 쌍둥이?"

노을이 별다른 고민 없이 답했다.

"둘이 쌍둥이라고?"

놀라서 되물었지만, 아름도 곧 그럴 리가 없다는 걸 깨달았다. 진노을과 허란희. 성씨가 다르지 않은가.

"아니, 그런 사이라고. 남매는 아닌데 남매처럼 자랐어. 가족보다도 더 가족 같은?"

노을이 배시시 웃자, 란희가 어이없다는 표정을 지었다.

"웃기고 있네. 남매는 무슨. 원수지, 원수."

그렇게 말했지만, 노을을 바라보는 란희의 표정에도 어떤 따스함이 담겨 있었다. 그 둘을 보던 아름은 어쩐지 부럽다는 생각이 들었다. 그 뒤로도 잡담은 한참 동안 이어졌다. 예습하겠다는 호기로운 결심은 저 멀리 사라지고 모두 신나게 떠들어 버렸다.

돌아갈 시간이 되어 도서관 출입문을 통과해 계단을 내려가려고 할 때 란희가 노을에게 말했다.

"아, 우리 예습하다 말았다. 설마 다음 시간에 정수의 덧셈, 뺄셈까지 진도 나가는 건 아니겠지. 아~ 수학은 내 스타일 아니야. 난 국어, 영어, 사회 쪽이라고."

"그러면서 수학중학교는 왜 왔냐. 너 수학 선행도 안 했잖아."

"헐. 이게 다 너 때문이잖아!"

"알았어, 알았어. 이 몸이 친절하게 설명해 줄게. 자, 란희 네가 기준이야. 네가 서 있는 계단을 원점 0이라 치고 위를 +방향, 아래를 -방향이라고 하자. $(-2)+(+3)$은…."

주위를 지나가던 아이들이 계단에 우두커니 선 세 사람을 흘끔거렸다. 하지만 노을은 아랑곳하지 않고 설명을 계속했다.

"허란희, 아래로 두 칸 내려와 봐. 이게 (-2)고, 거기에 $(+3)$을 더하려면 다시 위로 세 칸을 올라가면 돼."

노을의 설명대로 란희가 움직이자 처음 서 있던 계단에서 한 칸 위에 도착했다.

"그래서 $(-2)+(+3)=+1$이야."

"오!"

감탄사를 연발하는 란희를 무시하고, 노을이 다시 말을 이었다.

"뺄셈은 반대로 생각하면 돼. $(+2)-(-3)$은 먼저 위로 2칸 $(+2)$ 움직여. 거기에서 (-3)을 빼려면 아래로 3칸 내려오는 게 아니라 반대인 위로 3칸을 더 올라가는 거야. 그래서 $(+2)-(-3)=+5$가 되는 거지."

"근데 왜 (-3)을 뺄 때는 방향을 바꿔서 움직이는 거야?"

"(+2)에서 (-3)을 뺀 답을 찾는다는 건, 바꿔 말하면 (-3)에 어떤 수를 더해야 (+2)가 되는지 찾는 것과 같아. A에서 B를 뺀 게 C라면, B에 C를 더하면 다시 A가 되니까. 따라서 (+2)-(-3)은 (-3)에 뭘 더했을 때 (+2)가 되는지 생각해 보면 돼. 그럼 (+5)라는 걸 알 수 있어.

그런데 (+2)에 (+3)을 더해도 똑같이 (+5)가 되잖아? 그러니까 (+2)에서 (-3)을 빼는 건 (+2)에 (+3)을 더하는 것과 결과가 같아."

"(-3)을 빼려면 부호를 바꿔 (+3)을 더해 (+2)-(-3)=(+2)+(+3)으로 계산하면 된다?"

"맞아, 한 가지만 기억하면 돼. 마이너스 부호 두 개(-, -)가 만나면 둘을 합쳐서 플러스(+)로 만든다! 막대기 두 개를 합쳐서 십자가를 만드는 거야."

"진노을. 제법인데."

"쉽게 생각해. 어렵게 생각해서 어려운 거지."

노을이 으스대며 계단을 내려가는데, 마침 올라오던 파랑과 마주쳤다.

"어, 임파랑! 어디 가?"

노을이 반기며 물었다.

"도서관에 책 반납하러."

파랑이 묻는 말에만 대답하고 그냥 지나치려 하자, 노을이 다시 붙잡았다.

"너 동아리 들었어?"

"아직."

"우리 동아리 들어올래? 학교 인터넷 게시판 만들어서 운영할 거야."

"관심 없어."

"어차피 하나는 들어야 하잖아. 생각해 봐. 그냥 유령 부원이어도 되니까. 우리가 인원이 부족하거든."

"생각해 볼게."

파랑이 지나가고 나자, 란희가 노을의 어깨를 잡으며 말했다.

"역시 특이해, 특이해."

노을도 동의했다. 자신과 란희도 평범하다는 말은 안 듣고 살았는데, 파랑의 캐릭터는 정말 독보적이었다. 그나저나 파랑이 계속 거절하면 다른 한 명의 부원을 어디서 구해야 할까.

쉬운 일이 하나도 없었다.

3장

가장 어려운 문제

쓸데없이 부지런한

여느 때보다 떠들썩한 아침이었다. 아이들은 밤새 있었던 일로 이야기꽃을 피웠다. 교실은 전체적으로 화기애애했다.

어제도 늦게까지 피피와 게시판을 만들던 노을은 새벽녘이 되어서야 잠이 들었다. 덕분에 오늘도 늦잠을 자 버렸다. 잠에서 깨어난 노을은 태수의 빈 침대를 바라보며 멍하니 있다가 화장실로 후다닥 달려갔다.

빛의 속도로 준비를 마친 노을은 노트북을 들여다보았다.

"피피, 다녀올게."

"빨리 와."

노을은 피피를 향해 웃어 주고는 교실을 향해 달렸다. 복도에 삼삼오오 모여 있는 아이들의 얼굴에 웃음이 가득했다. 느지막이 도착한 노을은 분위기를 파악하지 못한 채로 쓰러지듯 자리에 앉았다.

"아, 또 지각할 뻔했네."

노을이 이마에 흐르는 땀을 닦으며 중얼거렸다. 하지만 아무도 대꾸해 주지 않았다. 파랑도 노을을 힐긋 쳐다봤을 뿐이다. 그때였다. 태수가 파랑의 앞으로 다가왔다. 파랑은 귀찮은 기색이 역력했다. 하지만 태수는 또다시 파랑에게 말을 걸었다.

"우리 동아리 공고문 봤냐? 넌 답 알고 있지?"

"피보나치 수열, 답은 1959."

파랑이 담담하게 말했다.

파랑이 정답을 말하자, 태수의 표정이 미묘하게 변했다.

"넌 풀었을 줄 알았어. 그럼 자격은 됐고, 우리 동아리 들어와라."

"난 됐어."

깔끔한 거절이었다.

"좋은 기회일 텐데. 학교에서도 최대한 지원해 준다고 했어. 우리 동아리는 괜찮은 선택이야."

태수는 선심 쓰듯 다시 제안했다. 그런 그의 얼굴에는 어색한 미소가 걸려 있었다.

"사양할게."

파랑의 냉담한 태도에 태수는 굳은 얼굴로 한발 뒤로 물러섰다. 동아리 모집 공지를 올렸지만, 난이도가 높았는지 아직 아무도 신청을 하지 않고 있었다. 그렇다고 이제 와서 시험문제를 바꿀 수도 없는 노릇이었다.

피보나치 수열

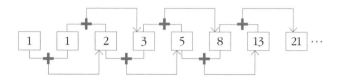

1, 1, 2, 3, 5, 8, 13, 21…과 같이 앞의 두 수의 합이 바로 다음 수가 되는 수의 배열을 피보나치 수열이라 한다. 12세기 말 이탈리아 수학자 레오나르도 피보나치의 『산반서』라는 책에서 처음 소개되었다.

피보나치 수열은 우리 주변 곳곳에서 발견된다. 들판에 피어 있는 꽃의 꽃잎 수를 세어 보면 백합 3장, 채송화 5장, 코스모스 8장 등으로 피보나치 수열을 따른다. 이뿐만 아니라 인간이 가장 아름답게 느끼는 황금비, 사람의 귓바퀴 모습, 주식시장의 주가 변동, 우리 은하의 나선 모양에서도 피보나치 수열을 찾을 수 있다.

이처럼 세상은 불규칙하며 무질서한 것처럼 보이지만, 사실은 매우 정밀한 수학적 원리 속에 존재한다.

1939 → 1940 → 1941 → 1943 → 1946 → 1951 ──→ ⬚1959⬚
　　 1 　　 1 　　 2 　　 3 　　 5 　　 ⬚8⬚

나열된 숫자들 사이의 차를 각각 구해 보면 1, 1, 2, 3, 5이다. 이는 1+1=2, 1+2=3 그리고 2+3=5로 앞의 두 수의 합이 바로 다음 수가 되는 피보나치 수열이다. 그래서 5 다음 수는 3+5=8이므로 1951에 8을 더해 네모 칸의 답은 1959가 된다.

자리로 돌아간 태수는 또다시 파랑에게 거절당한 것이 분한지 주먹을 꼭 쥐었다. 그리고 짝인 지석에게 말했다.

"안 들어오겠대."

"뭐가 그렇게 잘났어? 저 새끼 언제 한번 손봐 줘야지 안 되겠네."

지석이 으름장을 놓더니, 파랑을 노려보았다. 그때 란희가 하얗게 질린 얼굴로 달려 들어와 노을을 교실 구석으로 끌고 갔다.

"진또라이! 너 자꾸 또라이짓 할래? 어제 뭔 짓을 한 거야?"

"아~ 왜 또!? 나 아무 짓도 안 했어."

"뭐? 이거 너 아니야?"

란희가 핸드폰을 내밀자 학교 홈페이지 게시판이 보였다. 노을의 눈이 커졌다.

"어? 이거… 내가… 어제 테스트 삼아 만들었는데?"

"그런데?"

란희가 내민 핸드폰을 멍하니 보던 노을의 얼굴이 하얗게 질리기 시작했다. 잠들기 전에 시험 삼아 학교 서버에 만들어 올린 게시판의 글이 108개로 늘어나 있었다. 어젯밤에 피피랑 만들어 놓고는 그냥 자 버린 것이다.

"잠깐 올려놓는다는 게 그냥 자 버렸네."

"아, 왜 이렇게 쓸데없이 열정적이야. 하던 대로 게으르게 살아!"

잡다한 글들만 있었으면 다행이었겠지만, 게시판에는 19금 사진과 동영상, 반 친구를 놀리는 글, 아이돌 사진, 특정 교사에 대한 욕설 등이 난무했다. 특히 정태팔에 관한 글이 가장 많았는데, 야릇한 포즈를 하고 있는 여자의 나체 사진에 정태팔의 칙칙한 얼굴을 합성한 것도 있었다. 익명 게시판이어서 하룻밤 사이에 이토록 많은 글이 올라와 버린 것이다.

노을은 당장 기숙사로 달려가 게시판을 닫고 싶었지만, 김연주가 이미 교실 앞문을 열고 들어와 버렸다. 란희는 다급하게 자신의 반으로 돌아갔고, 노을은 암담한 기분을 맛보아야 했다.

'저걸 내려놓고 잤어야 했는데.'

김연주는 교탁 앞에 서서 어수선한 분위기를 감지했다.

"오늘따라 학교가 시끄럽네. 무슨 일이지?"

아이들은 아무도 입을 열지 않았다. 노을은 의자에 붙어 있는 엉덩이가 따끔거릴 정도로 마음이 불안했다. 김연주는 부드러운 미소를 지으며 다시 입을 열었다.

"이제 다들 친해져서 그런 건가? 서로 친해지는 건 좋아. 그런데 이왕이면 우리 반이 교집합의 모임이기보다는 하나의 합집합이었으면 좋겠어. 분명 관심사가 비슷한 교집합 친구들이 있을 거야. 하지만 그런 친구들이랑 끼리끼리 모여서 다른 친구를 배척하는 건 좋지 않아. 나랑 잘 맞는 친구뿐만 아니라 잘 맞지 않는 친구와도 잘 지냈으면 해. 물론 수업 종이 친 다음에도 떠드는 건 문제가 있지만."

핸드폰으로는 게시판을 닫는 것이 불가능했고, 점심시간까지는 컴퓨터실과 기숙사 모두 열리지 않았다. 결국 점심시간까지 익명 게시판이 활짝 열려 있어야 하는 셈이었다.

항상 능글거리던 노을도 이번만큼은 초조했다. 부모님 귀에 들어가면 자신은 물론이고 란희까지 크게 혼이 날 테니까.

조례시간이 끝나자 란희와 아름이 다시 달려왔다. 아이들의 대화는 모두 인터넷 게시판에 대한 것이었다. 노을도 정신없이 게시판 글을 읽었는데, 추가로 올라온 글의 대부분은 욕설 아니면 험담이었다.

"너 '태파리' 글 봤어? 그거 누구냐? 엄청 웃기던데."

"크크크, 봤지 그럼. 정태팔이 한국과고 다닐 때 왕따였다는 글도 재밌던데."

"야, 그런데 정태팔이 촌지 받는다는 거 진짜일까?"

"게시판 보느라 한숨도 못 잤네."

교실에서 낄낄거리는 소리가 끊이질 않았다.

노을은 수업이 끝날 때까지 불안에 떨다가 이따금 정신을 차리고 차분해지기를 반복했다. 이번 일은 걸리면 그냥 넘어가지 않을 거라는 예감이 들었다.

다행스럽게도 교사들은 아직까지 게시판의 존재를 모르는 듯했다. 그리고 아이들끼리도 쉬쉬하는 분위기였다. 1교시 수업이 끝나자, 다시 란희가 달려왔다. 파랑에게 대충 손을 흔들며 인사한 란희가 노을을 향해 비장하게 말했다.

"잡아떼!"

"되겠어?"

"점심시간에 슬쩍 내리고, 증거인멸하자! 너 그런 거 잘하잖아. 그다음에 잡아떼면 되는 거야."

"너 엄마한테 말 안 할 거야?"

"적당해야 이르지. 이번 일은 없던 걸로. 일단 학교에서도 나랑 아름이만 입 다물면 돼. 게시판 운영하려고 했던 거 아는 사람 우리뿐이잖아."

둘이 옆에서 떠드는 게 신경 쓰였던 파랑이 고개를 들었다.

"왜 하필 여기서 얘기하는 거야? 내가 선생님한테 이를 수도 있다는 생각은 안 들어?"

"응."

란희가 단호하게 답했다.

"왜?"

"너 귀찮아서 그런 짓 안 해."

당연하다는 듯한 태도에 파랑은 말문이 막혔다.

"그보다 번호 좀 알려 줘."

"무슨 번호?"

"핸드폰 번호. 심화반 예습할 때 네 번호를 몰라서 전화 못 했어."

"난 예습 혼자서 해."

"비싸게 굴기는! 번호 찍어!"

란희의 강압적인 태도에 파랑이 마지못해 번호를 찍었다. 란희가 전화번호를 저장하는 모습을 멍하니 지켜보던 노을은 자포자기 상태가 되어 중얼거렸다.

"아 모르겠다. 어떻게든 되겠지."

노을은 점심시간이 되기만을 기다렸다.

10시 넘으면 돔 자라

점심시간에 달려간 기숙사 방에서 노을은 망연자실할 수밖에 없었다. 분명히 3교시 쉬는 시간까지 건재하던 게시판이 사라져 버린 것이다. 그뿐만 아니라 흔적까지 깔끔하게 지워져 있었다. 대신 서버 자료실에는 메모장이 하나 올라와 있었다.

— 10시 넘으면 좀 자라. gun007

또 gun007이었다.

정태팔일지도 모른다는 생각에 소름이 끼쳤지만, 곧 아니라는 판단이 들었다. 게시판 글의 절반 이상이 그의 험담이었다. 정태팔이었다면 범인을 찾겠다고 이미 난리가 났을 것이다. 하지만 정태팔은 아직까지 특별한 움직임을 보이지 않고 있었다.

메모장을 삭제하고 나자 노을이 게시판을 만들었던 흔적은 어디서도 찾아볼 수 없었다. 지나치게 깔끔했다.

"피피, 이거 흔적 안 남은 거 맞지?"

"맞아. 혹시 다른 흔적 있으면 찾아서 지워 줄까?"

"응, 부탁해. 난 다시 수업 들어가야 하거든. 아아아~ 십년감수
했다."

노을은 놀란 가슴을 쓸어내렸다.

"왜?"

"이거 들키면 곤란해졌을 거야."

"나한테 지워 달라고 하지 그랬어."

"넌 기숙사에 있잖아."

"핸드폰 꺼내 봐."

노을이 핸드폰을 꺼냈다. 그러자 핸드폰에 이상한 애플리케이션
이 다운로드되기 시작했다.

"뭐야?"

"눌러 봐."

피피가 뿌듯한 목소리로 말했다. 노을이 'CALL'이라는 아이콘
을 클릭하자, 이모티콘으로 만든 웃는 얼굴이 떠올랐다.

"딩동. 안녕."

새로운 연결음과 함께 피피의 목소리가 핸드폰에서 들려왔다.

"뭐, 뭐야."

"내가 필요하면 언제든지 부르라고."

"어떻게 한 거야? 이런 게 가능해?"

"응. 난 인터넷이 연결된 모든 전자기기를 활용할 수 있거든."

"조종한다는 거야? 방금 내 핸드폰에 한 것처럼?"

"그럼. 동시에도 가능해. 지금은 무리지만 내가 완성되면 불가능한 건 없어."

"말도 안 돼."

"왜 말이 안 된다고 생각해?"

그야 당연한 것 아닌가.

"일단 내 노트북 성능이 그 정도는 아니라고."

"인터넷에 연결되어 있는 모든 컴퓨터가 내 서버야. 그런 걱정은 안 해도 돼. 노을의 노트북은 내 본체일 뿐이야."

"헐."

노을은 잠시 얼빠진 표정으로 앉아 있었다.

"안 가? 수업 들어간다면서."

"어, 그, 그래. 이따 봐."

노을은 혼이 나간 듯한 걸음걸이로 방을 나섰다. 계단을 내려가는 내내 머릿속이 복잡했다. 모든 핸드폰과 컴퓨터를 제어할 수 있다고? 그렇다면 무적이 아닌가. 노을은 무언가에 홀린 듯했다.

'복잡한 건 나중에 생각하자.'

노을은 핸드폰을 주머니에 넣고 기숙사 입구로 향했다. 꽃봉오리가 맺히기 시작한 덩굴장미 앞에 초조한 표정으로 서 있는 란희가 보였다.

"어떻게 됐어?"

"게시판은 지워져 있었어."

"뭐? 걸린 거야?"

"그건 아닌 것 같아. 또 gun007이야."

"네 하드 날렸다던 그?"

"응."

"헐. 지난번에도 그냥 넘어갔으니까 이번에도 그러지 않을까?"

"그럴 것 같아. 깨끗하게 지웠어, 흔적도 없이. 나를 찾겠다는 의지도 없어 보였고."

"그럼 됐네. 그러니까 사고 좀 그만 쳐. 조마조마해 죽겠다. 너희 부모님 오시면 너랑 난 끝이야. 평범한 중학생활 따위는 없다고."

안심한 란희는 폭풍 잔소리를 늘어놓기 시작했다. 평소라면 반항했겠지만, 노을도 자신의 잘못을 인정하고 있었기 때문에 군소리 없이 모두 들었다. 물론 한쪽 귀로 들어온 그 잔소리는 다른 쪽 귀로 흘러 나갔지만.

란희가 잔소리를 끝내자 노을이 물었다.

"그런데 gun007이 누굴까?"

"이제 궁금해하지 마! 관심 두지 마!"

"어, 응."

둘이 기숙사를 빠져나와 걸어가는데, 농구 코트 앞에 아이들이 모여 있었다.

"무슨 일이지?"

란희가 먼저 쪼르르 걸어가자, 노을이 뒤따라갔다. 농구 코트 앞에서 파랑과 태수가 대치 중이었다.

"지금 뭐 하는 거야?"

란희가 옆에 있던 다른 반 친구에게 무슨 일인지 물었다.

"태수네 애들이 파랑이한테 1대 1 농구 하자고 했거든."

"그래서 한다는 거야? 걘 안 할 텐데?"

"몇 번 사양하더니, 지석이가 귓속말하니까 일어나던데?"

"쟤들도 징하다."

란희가 고개를 절레절레 흔들었다.

"우리도 보고 들어가자."

노을과 란희가 흥미진진하게 돌아가는 상황을 주시했다. 이미 주변에는 구경꾼들이 잔뜩 몰려들어 있었다.

"네가 먼저 공격해."

태수는 파랑에게 공을 넘겨주고 한 발 물러섰다. 파랑은 귀찮은 듯했지만, 지고 싶지 않은 표정이었다.

"태수랑 1대 1 하려나 봐. 뭐라고 했길래 파랑이 독기가 올랐을까?"

노을이 궁금하다는 듯 중얼거리는데, 태수와 붙어 다니는 패거리들이 깔깔거리며 웃었다.

"야, 파랑이 저 자식 신발 봐. 저런 거 신고 뭘 수나 있겠냐?"

지석의 말에 노을의 미간이 찌푸려졌다. 아이들은 대부분 중학생이 된 기념으로 부모님이 사 준 새 운동화를 신고 있었다. 반면 파랑의 운동화는 오랫동안 신은 것인 듯 허름했다. 물론 아이들이 열광하는 그런 브랜드의 신발도 아니었다. 아이들이 비아냥거리며 같이 웃는 틈을 타서 태수가 파랑의 손에서 농구공을 빼앗았다.

태수가 자유투 라인에서 슛을 쏘았지만, 골은 들어가지 않았다. 골대를 맞고 튕겨져 나온 공을 파랑이 낚아챘다.

파랑의 눈빛이 매서워졌다. 그는 드리블로 다가와서 태수를 앞에 둔 채로 터닝슛을 쏘았다. 무방비 상태였던 태수는 멍하니 공을 따라 고개를 돌리는 것 말고는 아무것도 할 수 없었다. 우아하게 포물선을 그린 공은 골대로 빨려 들어갔다.

우아, 하는 소리와 함께 아이들이 손뼉을 쳤다. 파랑의 정확한 슛을 본 태수는 당황한 것 같았지만, 내색하지 않으려고 애쓰며 드리블을 했다. 하지만 퉁, 백보드를 맞은 공은 다시 태수를 향해 튕겨져 나왔다.

다시 파랑의 공격이 시작되었고, 여자아이들의 눈이 초롱초롱하게 빛났다.

"운 좋네. 제대로 해보자고."

이번엔 태수도 파랑에게 최대한 가까이 붙어 수비했다. 슛 라인에 있던 파랑이 드리블을 하며 골 밑으로 뛰어들었다. 태수가 공을 뺏으려고 손을 내밀었지만 역부족이었다. 파랑은 너무나 쉽게 태수를 제치고 레이업 골을 넣어 버렸다. 다음 골도 마찬가지였다. 파랑의 공은 어김없이 깔끔하게 들어갔고, 경기는 싱겁게 끝났다.

짧은 한숨과 함께 태수에게 다가간 파랑은 공을 넘겨주며 시선을 맞췄다.

"이제 귀찮게 하지 마."

태수를 향하던 여자아이들의 시선이 이제 모두 파랑을 향하고 있었다.

태수는 충격을 받은 것 같았다. 농구마저 질 거라고는 생각하지 못했던 모양이다. 그와 붙어 다니는 패거리들도 태수가 진 것이 못내 억울한지 파랑의 앞을 막아섰다.

"농구 좀 한다고 나대지 마라."

한 발 앞으로 나온 지석의 도발에 아이들 모두 숨을 죽였다. 파랑은 지석을 노려보다가 입을 열었다.

"난 너희한테 관심 없어. 제발 신경 좀 꺼 줘."

"뭐? 뭐라고, 이 새끼가!?"

지석은 몹시 화가 난 듯 파랑을 계속 밀어붙여 결국 노을과 란희가 서 있는 곳까지 다가왔다. 파랑은 한숨을 푹 쉬더니 말했다.

"알았어. 뭐든 다음에는 져 줄 테니까 귀찮게 좀 하지 마라."

화를 삭이는 듯 고개를 숙이고 있던 태수가 외쳤다.

"그만해."

태수는 더 이상 소란을 피우고 싶지 않아서 지석을 말리려고 다가섰다. 그런데 한발 먼저 지석이 말했다.

"너희 엄마 포장마차 장사는 어때? 요새 떡볶이는 잘 팔리냐? 저기 사거리 건너 골목길에 있는 포장마차 맞지? 그 집 떡볶이 먹고 크면 너처럼 뭐든 잘하냐?"

파랑의 얼굴이 발갛게 달아올랐다. 그 모습에 지석이 더 크게 깔깔거리며 말을 이었다.

"너희 아빠도 포장마차 같이 하시니? 아니다, 이혼했댔지 참."

말이 끝나기도 전에 누군가 지석의 광대뼈를 향해 주먹을 날렸다. 악, 하는 소리와 함께 지석이 바닥에 넘어졌다. 노을이었다. 지석은 노을을 노려보며 벌떡 일어났다. 입술이 터졌는지 피가 배어 나왔다.

"이 새끼, 넌 뭐야!"

"뭐긴! 정의의 사도다!"

비아냥거리는 노을을 향해 지석의 주먹이 날아갔다. 역시 정통으로 맞은 노을은 잠시 비틀댔지만, 지석을 보며 피식 웃어 주는 것을 잊지 않았다.

"내가 우스워?"

지석이 고래고래 소리를 지르며 노을에게 달려들었다. 그 순간 파랑이 지석의 팔목을 꺾어서 움직이지 못하게 했다.

"그만하자."

파랑이 가라앉은 목소리로 말했다.

"이거 안 놔? 이 새끼들이 단체로 죽고 싶나!"

옆에서 지켜보던 태수 패거리 중 한 명이 달려가 파랑을 향해 발길질을 날렸다. 파랑이 요란한 소리를 내며 나가떨어졌고, 지석이 쓰러진 그의 배를 사정없이 걷어찼다.

"그만해!!!"

노을과 태수가 동시에 뛰어들어 지석과 파랑을 말렸다. 하지만 말리려던 두 사람까지 서로 뒤엉켜 난장판이 되어 버렸다. 싸움구경에 더 많은 아이들이 몰려들었고, 금세 시끄러워졌다.

란희만이 발을 동동 구르며 소리를 질렀다.

"야, 너희 무슨 구경났어? 말려야 할 거 아니야!"

아무도 말리지 않자, 란희가 근처에 서 있던 애의 손에서 쓰레기통을 빼앗아 들었다. 그리고 쓰레기통을 마구 휘둘렀다.

"비켜!!"

처음 쓰레기통에 맞은 아이는 태수였다. 쓰레기통에 등을 맞고 당황한 태수는 얼빠진 표정으로 란희를 쳐다보았다. 란희의 무차별 난입으로 소강상태가 된 아이들은 주먹을 거두고 돌아섰다.

파랑은 노을을 쳐다보았다. 두 사람의 눈이 마주쳤지만 서로 아무 말도 하지 않았다. 그때 교무실이 있는 본관 건물에서 김연주와 정태팔이 뛰어나왔다. 노을은 그제야 정신을 차렸다.

'망했다.'

싸움에 가담한 노을과 파랑 그리고 태수와 지석은 한참 동안 설교를 들어야 했다.

설교가 끝나고, 란희와 함께 기숙사로 가는 길은 오늘따라 유난히 멀었다. 누구도 섣불리 말을 꺼내지 않았기 때문에 분위기가 착 가라앉아 있었다. 말없이 혼자 앞서가던 노을이 기숙사 앞 벤치에 털썩 앉았다. 란희는 노을의 눈치를 보며 다가갔다.

"괜찮아?"

"아니."

전혀 괜찮지 않았다. 부모님을 모시고 오라니, 이제 학교에서 조용히 살긴 글렀다. 지금도 충분히 정신없지만, 학부모 상담 전과 후는 많은 것이 달라질 게 뻔했다.

"조금만 참지."

란희가 안타깝다는 듯 말했다.

"아 몰라. 내가 왜 그랬지."

"네가 좀 그런 거 싫어하긴 하지."

노을이 양손으로 머리를 감싸며 괴로워했다.

"난 망했어."

흐린 하늘에서 한 방울 두 방울 소리 없이 비가 내리기 시작했다. 초등학교 때 있었던 일들이 노을의 머릿속을 지나갔다.

'내 정체를 알게 된 아이들의 반응은 초등학교 때랑 어떻게 다

를까.'

잠시 멍하니 앉아 있던 노을이 말했다.

"들어가자."

4월의 어느 날 밤. 늦은 봄비가 소리 없이 내리고 있었다.

＊

노을이 201호로 들어서자 방은 텅 비어 있었다. 하긴 자신도 방에 들어오면서 망설였다. 태수와 직접적으로 싸운 것은 아니지만 껄끄러운 것은 사실이었다. 엉망진창이었다.

'아~ 몰라.'

파랑과는 짝이긴 해도 사실 그렇게 친한 사이는 아니었다. 지석의 말이 너무나 비열했기에 그냥 듣고만 있을 수 없었을 뿐이다.

'성질 좀 죽여야지.'

침대에 앉아 벽을 보고 있으니, 김연주의 화난 얼굴이 떠올랐다. 김연주는 싸움을 한 4명 모두가 자신의 반이라는 것을 확인하고는 내일 학부모 면담을 하겠다고 선언했다.

노을은 한숨을 쉬며 내일 일어날 일을 상상해 보았다. 학교만큼 소문이 빨리 퍼지는 곳이 또 있을까.

책상 앞에 앉자 피피의 이모티콘이 웃는 얼굴로 변했다.

"왔어?"

피피가 반겨 주었다.

"응."

"오늘은 뭐 할 거야?"

"아무것도 안 하려고."

"왜?"

"그냥."

"무슨 일인데 그래."

란희와는 달리 부드러운 피피의 말투에 노을의 마음이 조금 풀어졌다.

"친구랑 싸워서 학교에 부모님 모시고 오게 됐어."

"어쩌다가 싸웠는데?"

노을은 낮에 있었던 일을 시시콜콜 털어놓기 시작했다. 한참 하소연을 하고 나니 기분이 나아지는 것 같았다. 프로그램에게 투정 부리듯 말해 버린 자신이 조금 우습게 느껴지기도 했다.

"아무튼 난 잘게."

"잘 자, 노을. 난 인터넷이 연결된 동안 공부 마저 할게."

"수고해."

노을은 침대에 누웠다. 마음이 복잡했다. 부모님과 아직 돌아오지 않은 태수…. 이런저런 생각을 하다가 노트북을 힐긋 보았다.

'피피를 만든 사람은 누구일까.'

그 뒤로도 한참을 뒤척였지만, 태수는 돌아오지 않았다.

＊

비는 멈출 기미가 없었다. 새벽 2시가 넘은 시간, 추적추적 내리는 비를 맞으며 한 남자가 수학중학교 후문을 빠져나가고 있었다. 인적이 드문 골목길 담벼락을 따라 빠른 속도로 걸었다. 붉은 가로등 불빛에 비친 사내의 긴 그림자 위로 빗방울이 떨어졌다.

주택가 골목 사이를 고양이처럼 이리저리 돌다가 도착한 곳은 싸구려 향수 냄새가 날 것 같은 허름한 상가 앞이었다. 남자는 계단 입구로 들어가 비를 털어 냈다. 모자를 벗자 날카로운 눈매가 드러났다. 바지에서 물이 뚝뚝 떨어졌지만 남자는 개의치 않고 계단을 올라갔다.

딸랑딸랑. PC방 문을 열자 우울한 종소리가 났다. 남자는 계산대 앞에 섰다. 계산대의 남자는 심드렁한 얼굴로 좌석표를 내밀었다. 남자는 잠시 숨을 고르더니 48번 컴퓨터로 향했다.

PC방에는 중년의 남자 손님밖에 없었다. 아무도 그에게 눈길을 주지 않았지만, 남자는 연신 주위를 살피며 컴퓨터에 로그인했다.

— 딩동. 48번 자리 gun007 고객님이 입장하셨습니다.

정의의 사도

지석은 여전히 까불거리며 아이들과 장난을 쳤다. 주변에 앉은 아이들을 놀리며 낄낄대기도 했다. 뺨이 조금 부어 있는 것 같기도 했지만 눈에 띄는 정도는 아니었다. 노을이 까칠한 얼굴로 교실에 들어서자, 자리에 앉아 있던 태수와 파랑, 지석이 그를 돌아보았다. 태수는 다시 관심 없다는 듯 고개를 돌렸고, 파랑은 노을이 옆자리에 앉을 때까지 노을을 응시했다.

"잠 설쳤냐."

파랑의 말에 노을이 돌아보니, 곤란한 표정을 하고 있었다.

"괜찮아."

"그러게 왜 내 일에 나서서."

"내가 좀 정의의 사도라서 그랬다, 왜."

망설이고 있었지만, 파랑도 자신이 무슨 말을 해야 하는지는 알고 있었다.

"고맙다."

"뭘. 내가 욱해서 일만 키웠지."

파랑이 픽 웃었다. 때마침 김연주가 반에 들어오자 아이들이 재빨리 자리에 앉았다.

"다음 주 월요일에 소풍 가는 거 알고 있지? 놀이동산이라 사복을 입고 나가지만, 출발하기 전에 복장 검사할 테니까 단정하게 입도록 하고. 수업 전까지 자습하도록 해."

김연주는 짧게 조례를 마치고 교실을 나갔다. 첫 시간은 심화반 수업이라 아이들은 모두 교실을 이동해야 했다. 자리를 잡고 앉아 있으니 정태팔이 문을 열고 들어왔다. 오늘도 여전히 촌스럽다. 정태팔은 두꺼운 안경 너머로 노을을 한번 응시하고는 출석부를 펼쳐서 무언가를 적었다.

"수업 시작하겠다. (+3)×(-2)는 어떻게 계산되지? 임파랑 대답해 봐."

"(+3)×(-2)=-6입니다."

"이유도 말해 볼 수 있겠나."

"(+3)×(-2)처럼 부호가 다른 두 수의 곱은, 부호를 없앤 절댓값의 곱 3×2=6에 -부호를 붙여 주면 됩니다."

파랑은 차분하게 답을 말하고 자리에 앉았다. 교과서 해설 같은 완벽한 대답이었다.

"좋아. 그럼 다음 (-3)×(-2)는 앞에 앉은 허…."

란희가 딴생각을 하다 후다닥 책을 뒤져 보는 사이, 파랑이 대신 대답했다.

"부호가 같은 두 수를 곱한 값의 부호는 +입니다. 그래서 (-3)×
(-2)=+6이 됩니다."

"임파랑 학생에게 시킨 게 아니다. 허란희 학생도 당연히 알고
있었겠지?"

란희가 붉어진 얼굴로 고개를 끄덕이자, 정태팔은 파랑에게 경
고하려는 듯 한번 쳐다보고 다시 수업을 시작했다.

"지금까지는 기본적인 이야기를 했고, 실제로 너희는 여러 수가
곱해진 계산을 할 경우가 더 많을 거다. 이럴 때는 어떻게 계산하
면 될까? 문제는 다음과 같다."

$$\left(+\frac{2}{5}\right) \times (-3) \times \left(-\frac{15}{4}\right) \times \left(-\frac{7}{6}\right)$$

"진노을 학생 대답해 볼까?"

"방금 파랑이가 했던 방법으로 앞에서부터 차례대로 두 수씩
계산하면 됩니다."

노을의 대답을 들은 태수가 손을 들었다. 정태팔이 허락의 뜻으
로 고개를 끄덕이자, 자리에서 일어난 태수는 빈정거리며 말했다.

"물론 앞에서부터 계산해도 되지만 복잡하고 시간만 잡아먹는
아주 멍청한 짓입니다. 결과값의 부호를 먼저 정한 후 곱하면 빠
르게 계산할 수 있습니다."

"박태수, 더 자세히 설명해 봐라."

"(-1)×(-1)=+1처럼 음수를 두 번 곱하면 양수, (-1)×(-1)×(-1)=-1 처럼 음수를 세 번 곱하면 음수가 됩니다. 그래서 곱하는 음수의 개수를 보고 부호를 먼저 정한 뒤 한 번에 약분해 가면서 곱합니다."

"좋아. 박태수, 진노을 둘 다 앞으로 나와서 분필을 잡아라. 칠판에 자신의 이름을 적고, 문제를 푸는 거다. 알겠나?"

아이들은 둘의 흥미진진한 승부를 지켜보고 있었다. 둘은 막힘 없이 계산해 나갔다. 시간이 어느 정도 지났을까, 노을은 교실에 자신의 분필 소리만이 딱딱 울려 퍼진다는 것을 깨달았다.

박 태 수

$$\left(+\frac{2}{5}\right) \times (-3) \times \left(-\frac{15}{4}\right) \times \left(-\frac{7}{6}\right)$$

$$= -\left(\frac{2}{5} \times 3 \times \frac{15^3}{4_2} \times \frac{7}{6_2}\right)$$

$$= -\frac{21}{4}$$

진 노 을

$$\left(+\frac{2}{5}\right) \times (-3) \times \left(-\frac{15}{4}\right) \times \left(-\frac{7}{6}\right)$$

$$= \left\{\left(+\frac{2}{5}\right) \times (-3)\right\} \times \left(-\frac{15}{4}\right) \times \left(-\frac{7}{6}\right)$$

$$= \left\{\left(-\frac{6}{5}\right) \times \left(-\frac{15^3}{4}\right)\right\} \times \left(-\frac{7}{6}\right)$$

$$= \left(+\frac{9^3}{2}\right) \times \left(-\frac{7}{6_2}\right)$$

$$= -\frac{21}{4}$$

"우선, 둘 다 모두 잘했다. 진노을 학생, 옆을 한번 보도록. 자신의 답과 박태수 학생의 답이 일치하지? 하지만 박태수 학생의 식이 훨씬 간단해 보이지 않나? 물론 속도도 차이가 났다."

정태팔이 노을에게 다정하게 설명하자 란희는 왠지 불편하고 어색했다. 정태팔은 분명 저렇게 친절한 사람이 아니다. 아무래도 오늘 노을의 학부모 면담이 있다는 사실을 알고 있는 것 같았다.

"네. 부호를 먼저 정하고 계산하는 방법이 더 좋네요."

노을은 어깨를 으쓱하며 대답했다.

"박태수 조, 플러스 1포인트. 둘 다 들어가도 좋다. 다른 학생들도 구경만 하고 있지 말고 교과서 예제를 풀어 봐! 수학에 있어서 아무리 사고력, 응용력이 중요하다지만 계산을 빠르고 정확히 할 수 없다면 아무런 의미가 없다."

심화반 수업이 끝나는 종소리가 울리고, 정태팔은 수업을 마쳤다. 금요일의 마지막 수업은 방과 후 컴퓨터 교실이었다. 컴퓨터실로 이동한 노을은 들떠 있었다. 합법적으로 컴퓨터를 할 수 있는 수업이라니!

수업 종이 울리자, 학생식당에서 봤던 슈트를 입은 날카로운 눈초리의 남자가 앞문을 열고 들어왔다. 빼어난 외모는 아니었지만 훤칠한 키 때문에 슈트가 잘 어울렸다. 교단 앞에 선 그는 칠판에 '류건'이라고 적었다.

'류건? gun007?'

노을은 gun007을 연상시키는 이름에 칠판을 응시했다. 그리고 담 너머에서 gun007을 찾던 남자들이 선생이라고 말했던 것도 떠올랐다.

'설마?'

류건의 컴퓨터 수업은 교과서대로 차근차근 진행되었다. 특별한 게 있다면 모스부호에 대해 알려 준 것이랄까. 노을은 관심이 없었기 때문에 대충 흘려들었다. 큰 에피소드 없이 무난하게 흘러간 수업이었다. 류건은 특별히 친절하지도, 불친절하지도 않았다. 열정적이지는 않았지만, 그렇다고 수업을 대충 하는 것 같지도 않았다. 한마디로 어떤 캐릭터인지 알기 힘든 사람이었다.

'아니겠지? 너무 본명이잖아. gun007.'

멍하니 류건의 수업을 듣던 노을은 수업이 끝나자마자 달려가 그를 붙잡았다.

"선생님!"

"무슨 일이지?"

"저 컴퓨터 동아리를 만들고 싶은데요. 담당 선생님이 되어 주실 수 있을까 하고요."

노을이 동아리 개설 신청서를 류건에게 내밀었다.

"왜 나지?"

"김연주 선생님께서 부탁해 보라고 하셔서요."

"김연주 선생님이?"

류건은 조금 놀란 것 같았다.

"동아리 활동으로 뭘 하고 싶은데?"

"학교 게시판을 만들어서 운영해 보려고요."

"게시판?"

노을은 류건의 표정을 살폈다. gun007이라면 분명, 학교 익명 게시판 사건을 언급할 거라고 생각했다. 하지만 그의 표정에는 변화가 없었다.

"네. 학교 홈페이지에 연동해서 만들어 보려고요."

"게시판을 만든 다음에는? 1년 내내 게시판만 만들겠다는 건 아니겠지?"

류건에게서는 조금의 동요도 느껴지지 않았다. 노을은 그가 gun007이 아닐까 하는 의심을 접어 두고 착실하게 대답했다.

"컴퓨터 백신 프로그램을 만들어 보고 싶어요."

"백신?"

"네! 처음부터 하겠다는 건 아니고요. 게시판 같은 간단한 것부터 시작하려고요. 최소 인원도 곧 모을 거예요."

류건은 바로 거절하려고 했지만, 노을의 밝은 표정을 보고는 마음을 달리했다. 과거의 어느 한순간이 떠오르는 모습이었다. 류건은 그제야 동아리 지원서를 살펴보았다. 그리고 진노을이라는 이름을 발견했다. 그 녀석이었다.

"학생이 동아리 대표 진노을인가?"

"네!"

대답이 활기찼다. 류건은 종이를 다시 돌려주며 말했다.

"신경은 많이 못 써 줄 거다. 그냥 도장만 찍어 주면 되지?"

"네! 네! 네!"

노을은 도장을 찍어 주겠다는 말에 뛸 듯이 기뻐했다.

"최소 인원 채워서 지원서 가져와."

류건은 교무실로 향했다. 신이 난 노을은 교실로 돌아가는 길에 란희와 아름의 반으로 갔다. 그리고 이 기쁜 소식을 전했다. 하지만 란희는 그다지 기뻐하지 않는 눈치였다.

"좋냐?"

"좋지 그럼. 안 좋겠냐."

노을은 란희의 시큰둥한 반응이 마음에 들지 않아 툴툴거렸다. 그리고 이어지는 란희의 한마디는 노을의 영혼을 피폐하게 만들기에 충분했다.

"곧 너희 어머니 오실 텐데?"

"음, 튈까?"

"튀었다가 잡혀서 형량 추가하지 말고, 얌전히 가서 반성하는 척이라도 해."

"응."

축 처진 어깨로 2!반으로 돌아간 노을은 김연주가 들어오자, 코앞으로 다가온 운명의 시간을 느낄 수 있었다.

"휴일에 집에 다녀올 친구들이 많을 텐데 나갈 때는 외출증 받아서 나가도록 하고, 학교에 남아 있을 학생들은 끼니 거르지 말고 잘 챙겨 먹도록 해. 그리고 박태수, 진노을, 서지석, 임파랑은 따라와."

어깨가 축 처진 노을은 김연주의 뒤를 따라갔다. 상담실에 들어서자, 김연주는 아이들을 돌아보며 물었다.

"반성들은 좀 했어?"

아이들 모두 기어들어가는 목소리로 네, 라고 대답했다.

"화해도 했고?"

이번에는 아무도 대답하지 않았다.

"서로 아무 잘못도 없어?"

아이들이 아무런 말도 하지 않자, 김연주가 말했다.

"그렇게 멀뚱멀뚱하니 서 있다가 어머님들 오시면 그때 화해하려고?"

"때려서 미안하다."

노을이 먼저 지석에게 손을 내밀자, 지석이 마지못해 잡았다. 그리고 태수와 파랑도 못마땅하다는 듯 손을 내밀었다.

"물론 이걸로 화해는 안 되겠지. 하지만 너희는 1년 동안 같은 반에서 지내야 하고, 특히 노을이랑 태수는 기숙사 방도 같이 쓰잖아? 조금 안 맞고, 마음에 안 드는 친구가 있어도 단체생활이니까 잘 지내도록 노력해 봐. 억지로 손을 잡은 지금처럼."

김연주가 말을 마치자, 지석과 태수의 어머니가 들어왔다.

"안녕하세요. 선생님."

두 사람은 교양 있게 웃으며 김연주에게 인사했다.

"네, 안녕하세요. 어머님들께 와 주십사 부탁한 것은 아이들 사이에 작은 다툼이 있었음을 말씀드리기 위해서입니다. 기숙학교다 보니 아이들끼리 싸움을 해도 부모님들께 알려지지 않을 수 있어서요. 그래서 우리 학교는 크든 작든 아이들 간에 분쟁이 있으면 무조건 학부모 상담을 하게끔 되어 있습니다."

"우리 태수가 싸움을요? 우리 애가 그럴 리가 없는데."

단순한 학부모 상담이라고 생각했던 태수 어머니의 얼굴이 찌푸려졌다. 무슨 말을 더 하려던 그녀는 태수의 얼굴에 작은 멍이 들어 있는 것을 발견하고 다른 세 사람을 노려보았다.

"큰 싸움은 아니었지만, 교칙상 어머님들께 와 주십사 부탁했습니다. 농구를 하다가 시비가 붙은 것 같네요."

"우리 태수! 이 학교 차석으로 들어왔어요. 이렇게 맞으면서 학교 다니라고 기숙학교 보낸 거 아닙니다."

태수 어머니는 이미 지석의 얼굴을 알고 있었기 때문에 노을과 파랑을 향해 돌아섰다.

"너희니? 너희가 우리 태수 때렸어?"

"어머님, 이러시면 안 됩니다."

김연주가 다급하게 태수 어머니를 제지했다.

"안 되긴 뭐가 안 돼요. 이런 깡패 새끼들이 어떻게 이 학교에 들어왔는지 모르겠네요. 어디서 감히."

감히, 라는 단어에 김연주의 미간이 조금 꿈틀거렸다.

"아, 엄마! 그만 좀 해!"

태수가 말리려고 했지만 역부족이었다.

"시비는 지석이가 먼저 걸었고, 때리긴 제가 먼저 때렸어요. 얘는 아무 잘못 없어요. 그리고 쟤가 차석이면, 얜 수석인데요."

노을이 대들 듯이 말하자, 태수 어머니가 노을을 노려보았다. 그러고는 노을에게 한 걸음 더 가까이 다가갔다.

그때였다.

"안녕하세요, 선생님."

노을 어머니가 상담실 안으로 들어섰다. 그와 동시에 노을에게 삿대질을 하려던 태수의 어머니가 손을 슬쩍 내렸다. 그리고 노을의 어머니를 유심히 살폈다.

"사모님?"

"누구, 시죠?"

노을의 어머니는 기억나지 않는다는 듯 물었다. 그렇게 다가오는 그녀의 움직임은 상당히 우아했다.

"어머! 사모님을 여기서 뵙다니요. 저 박의원 안사람입니다."

노을의 어머니를 알아본 태수 어머니가 호들갑스럽게 인사를 건넸다. 거만하던 태도는 찾아볼 수 없었다.

"아, 기억이 나는 것 같네요. 우리 노을이가 사고를 쳤다더니 댁의 아드님이랑 싸웠나 보네요."

빠르게 상황을 파악한 태수 어머니의 표정이 달라졌다.

"사고는요, 무슨. 자제분이 수학중학교 들어가셨다더니 같은 반이었나 보네요, 호호호. 애들끼리 농구도 하고 싸움도 하면서 크는 거죠."

돌변한 태수 어머니의 태도에 노을은 작게 한숨을 쉬었다. 그리고 태수는 갑자기 저자세로 나오는 자신의 어머니를 보며 당황스러움을 감추지 못했다.

평소 거만하고 안하무인격인 어머니의 모습이 싫었던 태수였다. 하지만 이런 모습은 더욱 견디기 힘들었다. 그리고 견디기 힘든 시간은 상담 시간 내내 이어졌다.

태수는 자신도 모르게 주먹을 꼭 쥐었다.

자유시간

란희와 아름은 상담실이 있는 별관 건물 앞 벤치에 앉아 출입구를 응시하고 있었다. 기세등등한 태수와 지석의 어머니가 먼저 들어가고, 뒤늦게 노을의 어머니가 들어섰다. 그로부터 꽤 오랜 시간이 지났지만 아무도 나오지 않고 있었다.

"노을이랑 파랑이 어떻게 해. 들어갈 때 태수 어머니 보니까 장난 아닐 것 같던데."

"별문제 없을 거야. 앞으로가 문제지."

걱정이 많은 아름과는 달리 란희는 무언가를 각오하는 듯한 모습이었다.

"왜?"

"노을이네 어머니 세시거든."

"진짜? 엄청 우아해 보이시던데?"

아름이 보기에는 걸음 하나, 동작 하나까지도 고상해 보였다.

"뭐, 여러 가지 의미로. 학교는 소문이 빠른 편이고, 애들은 생각보다 간사하거든."

"응? 무슨 말이야?"

아름이 무슨 말인지 도무지 모르겠다는 표정을 지었다.

"뭐, 어차피 소문날 테니까 미리 말해 두자면 노을이 아버지가 진영진이야."

"뭐? 진영진? 국회의원? 아니 당 대표던가?"

정치에 흥미도, 관심도 없는 아름이었지만 진영진이라는 이름 은 알고 있었다. 아니, 그 이름을 모르는 사람이 대한민국에 있을 까. 아름의 입이 떡 벌어졌다. 노을이 차기 대선후보로 거론되고 있는 진영진의 아들이었다니.

"아름아, 그런 표정 하지 마. 그게 노을이가 제일 싫어하는 거 야. 그냥 편하게 해. 편하게."

란희가 그렇게 말했지만, 아름은 벌써 노을이 멀게만 느껴졌다. 장난만 치던 친구가 알고 보니 드라마에나 나올 법한 인물이었다 니. 그러다가 한 가지 궁금증이 튀어 올랐다.

"란희 너는? 그럼 너희 아버지도 정치하셔?"

아름이 곧 울 것 같은 어눌함을 담아 물었다.

"아니. 울 아빠는 노을이네 아버지 차 운전하시는데."

"어? 응. 그렇구나."

아름은 예상과는 다른 대답에 손가락을 꼼지락거렸다. 노을의 경우와는 또 다른 의미로 놀랐다.

"왜, 이상해?"

"아니, 그런 건 아니고. 너희 정말 친해 보였거든."

"우리 친해. 노을이는 그런 거 싫어하거든. 누구의 자식이니 어느어느 집안이니 하는 꼬리표. 노을이 누구 아들인지 알려지면, 다들 지금의 너 같은 표정으로 쳐다봐."

"그렇구나."

아름은 경직된 얼굴을 두 손으로 매만졌다.

"누구 아들이든 걔는 진노을이야. 그냥 내 소꿉친구 또라이. 달라지는 건 없어."

생각해 보니 달라지는 건 없었다. 알고 보니 리미트 멤버의 가족이었다거나 리미트 소속사 대표의 아들인 것도 아니니까. 아름은 한결 편해진 얼굴로 고개를 끄덕였다.

그때였다. 정태팔과 어머니 세 명이 별관 건물에서 나왔다. 주변에 흩어져 있던 아이들의 시선이 그리로 모였다. 모두 이 상황을 흥미롭게 지켜보고 있는 듯했다.

"그럼, 살펴 들어가십시오."

정태팔이 노을의 어머니에게 깍듯이 인사했다. 그는 연신 고개를 숙이며 노을의 어머니를 배웅했다. 뒤따라 나온 노을과 태수, 지석, 파랑은 멀찌가니 떨어져서 그 모습을 지켜보기만 했다. 그때였다. 태수의 어머니도 노을의 어머니에게 허리 숙여 인사했다.

학교에 들어섰을 때의 기세등등한 모습과는 달리 얼굴에 겸손

한 미소가 가득했다. 태수는 그런 어머니의 모습을 더 이상 보기 힘들었는지 고개를 돌렸다. 그 장면을 본 란희는 상담실 안에서 일어났을 일들을 미루어 짐작할 수 있었다.

노을의 어머니가 별관을 나가자, 정태팔이 태수와 지석 어머니에게 무언가 말을 덧붙이고는 별관 안으로 사라졌다.

"우리 태수랑 방을 같이 쓴다고?"

"아, 네."

갑자기 태수의 어머니가 살갑게 말을 걸자, 노을은 반사적으로 한 걸음 뒤로 물러섰다.

"그래. 태수랑 친하게 지내 주렴. 주말이나 방학 때 언제든지 놀러 오고."

"예에."

태수의 어머니는 노을에게 한 번 더 웃어 보이고는 지석의 어머니와 함께 교문 쪽으로 움직였다. 어머니들이 모두 집으로 돌아가자, 그 자리에는 네 사람만 남았다. 태수와 지석은 분한지 주먹을 꼭 쥐고 있었다.

노을은 앞으로 태수와 한 방에서 지내기가 더 힘들어질 것 같다는 예감이 들었다. 태수는 독기 가득한 눈으로 노을과 파랑을 응시하더니 지석을 데리고 사라졌다.

많은 이들이 보는 앞에서 자신의 엄마가 노을의 어머니에게 허리를 숙였다는 사실을 받아들이고 싶지 않은 듯했다. 노을은 그런 태수의 뒷모습을 바라보며 괜히 짧은 한숨을 내쉬었다.

운동장 곳곳에서 자신을 바라보는 아이들의 시선이 느껴졌다. 아이들의 눈이 호기심으로 반짝이고 있었다. 이제 노을에 대한 소문은 광속으로 퍼져 나갈 것이다.

"덕분에 쉽게 넘어갔네. 우리 엄마가 오시지 못해서 걱정했는데."

파랑의 말에 노을이 그를 응시했다. 파랑은 평소와 마찬가지로 무덤덤한 표정이었다.

"여러모로 고맙다. 주말 잘 보내라."

그 말을 끝으로 파랑은 도서관 방향으로 걸음을 옮겼다.

전혀 달라진 게 없었다. 노을은 피식 웃었다. 기숙사로 돌아가려던 노을은 구석진 벤치에서 열심히 손을 흔들고 있는 란희를 발견했다. 노을은 란희와 아름이 앉아 있는 벤치 쪽으로 움직였다.

"어떻게 됐어?"

란희가 마치 자신이 혼난 것 같은 표정으로 물었다.

"우리 엄마, 항상 먹이사슬 꼭대기에 앉아 있는 거 알잖아. 처음에는 태수 어머니가 나랑 파랑이를 패대기라도 칠 줄 알았거든. 그런데 엄마가 상담실 문을 연 순간 모든 게 정리됐어. 좀 무서울 정도더라. 어른이 되면 다 그런 건가."

노을의 기분이 바닥을 치자, 란희가 일부러 밝게 웃으며 노을의 어깨를 툭툭 쳤다.

"아, 배고프다. 오늘 메뉴는 뭘까나아? 우리 저녁이나 먹으러 가자."

축 처진 노을을 이끌고 식당에 도착해 보니 텅 비어 있었다.

"어? 우리가 너무 빨리 왔나?"

란희가 안쪽을 기웃거리다가 근처 테이블에 앉았다. 노을과 아름도 마주 앉았다. 아직 저녁 식사 시간이 되지 않았기 때문에 조금 기다려야 할 것 같았다. 계속 처져 있는 노을을 보던 란희가 말했다.

"앞으로 세 개."

"뭐?"

"앞으로 네가 저지르는 똘짓 세 개까지 봐준다고."

"진짜?"

"응."

노을은 기분 좋게 웃다가 아름과 시선이 마주쳤다. 아름도 란희의 말이 재밌는지 웃고 있었다. 아름에게서도 달라진 모습을 찾을 수 없었다. 노을은 그제야 깨달았다. 초등학교 시절에는 모두와 편하게 지내기는 했다. 하지만 친구라고 부를 수 있는 이는 란희 한 명뿐이었다. 수학중학교에서는 적어도 셋은 만들 수 있을 것 같았다. 그럼, 전보다는 덜 힘들지 않을까.

물론 박태수라는 반전요소가 있기는 하지만 말이다.

5시 정각이 되자 배식이 시작되었다. 한식을 가져온 노을이 닭

강정을 베어 무는데 식당 한쪽에 있던 대형 TV가 켜지고, 놀이공원 영상이 나타났다.

"응? 뭐지?"

란희가 고개를 갸웃거리자 아름이 입을 열었다.

"나 저기 알아. 랄랄라랜드야. 리미트 오빠들이 저기 광고 찍었거든."

놀이기구와 동물원, 먹거리와 조경이 편집된 영상이 끝나자, 자막이 떠올랐다.

"소풍 일정표?"

〈소풍 일정표〉

오전 9시 학교 출발 → 오전 10시 랄랄라랜드 도착 → 심화반 조별로 6시간 동안 선택한 프로그램 수행 → 인원 점검 후 학교로 출발

A 코스
- 사파리 체험 (다양한 야생동물들이 살고 있는 대초원 탐험)
- 딸기축제 참가 (농장에서 직접 딸기 수확, 딸기 주스 만들기)

프로그램	소요 시간	장소
자유시간	?	놀이공원 내
점심시간	1시간	놀이공원 내
사파리 체험	자유시간과 동일	사파리 대초원
딸기축제 참가	자유시간보다 1시간 적은 시간	베리베리 농장
총 소요 시간	6시간	

B 코스
- 승마 체험 (말먹이 주기, 바람의 들판을 따라 승마 체험)
- 해양수족관 관람 (신비로운 바닷속 생명을 만나는 경험)

프로그램	소요 시간	장소
승마 체험	2시간	승마 빌리지
점심시간	자유시간과 동일	놀이공원 내
해양수족관 관람	자유시간의 2배	씨 아쿠아리움
자유시간	?	놀이공원 내
총 소요 시간	6시간	

*심화반 조별로 코스를 정한 뒤 담당 선생님에게 신청하세요.
(코스별로 인원을 제한하니 서두르세요.)

"진짜 가지가지 한다."

모니터를 멍하니 보던 란희가 중얼거렸다.

"밥 먹다 체하겠네. 어? 그런데 이거 우리가 제일 먼저 본 거지?"

노을이 말했다.

"그렇지. 코스별 인원 제한이 있으니까 우리가 유리하겠다."

"파랑이 의견도 물어봐야 할 텐데."

아름이 조심스레 말하자, 란희가 핸드폰을 흔들며 웃었다.

"번호 따 놨쥐!"

전화를 걸자 핸드폰 너머로 단조로운 통화 연결음이 들려왔다. 그 흔한 컬러링 하나 없다는 점이 임파랑다웠다.

"여보세요."

"나야!"

"누구세요?"

"누구긴. 나 란희야. 지금 식당으로 와."

"저녁 생각 없어."

"누가 밥 먹재? 심화반 조끼리 소풍 간대. 지금 코스 정해서 신청해야 하니까 빨리 와."

란희는 파랑의 대답도 듣지 않고 끊어 버렸다.

그동안 학생식당에 들어선 학생들은 자신의 조원에게 연락을 돌리느라 분주했다. 잠시 후 도착한 파랑도 화면을 보며 노을 옆에 앉았다.

"우리 어느 코스로 갈까?"

"어떤 게 하고 싶은데?"

란희의 질문에 파랑이 질문으로 답했다.

"당근 자유시간 긴 거! 근데 자유시간이 안 나와 있잖아?"

"방정식을 이용해서 알아내면 되겠네. 일단 구해야 하는 자유 시간을 미지수 x로 두고, 총 소요 시간이 6시간이라는 것을 통해 방정식을 만들어 계산하면 돼."

화면을 보며 파랑이 중얼거렸다.

"대충 딱 봐도 A 코스가 자유시간이 더 많겠네. 그냥 A 코스 가자."

노을이 말했다.

란희가 노을의 입을 틀어막고는 파랑을 초롱초롱한 눈빛으로 응시했다.

"그래서?"

"뭐?"

"암산 중이야?"

"아니."

"안 풀어?"

"난 아무래도 상관없는데?"

란희는 파랑이 풀어 주기를 기다리고 있었지만, 그는 정말 상관

없다는 듯한 모습이었다.

"아, 치사하게 그러지 말고 저것 좀 풀어 봐."

란희가 조르자, 파랑은 마지못해 다시 시간표를 응시했다.

"A 코스의 자유시간은 x시간, 점심시간은 1시간, 사파리 체험은 자유시간과 같으니 x시간, 딸기축제는 자유시간보다 1시간 적으니 $(x-1)$시간이 되겠지? 그리고 이 시간을 모두 더하면 6시간이니까 $x+1+x+(x-1)=6$. 이 방정식을 만족하게 하는 x의 값인 해를 구하면 $x=2$. A 코스의 자유시간은 2시간이야."

$x + 1 + x + (x-1) = 6$

$x + 1 + x + x - 1 = 6$ 괄호를 풀면

$(x + x + x) + (1 - 1) = 6$ 동류항*끼리 계산하여 간단히 하면

$$3x = 6$$

$$\frac{3x}{3} = \frac{6}{3}$$ 등식의 양변에 3을 나누면(등식의 성질**)

$$x = 2$$

동류항은 '같은 종류의 항'을 뜻한다. 예를 들어 $5x+2-3x+8$에서 문자 x가 한 번 곱해진 $5x$와 $-3x$가 동류항이고(부호가 달라도 상관 없음) 수로만 이뤄진 $+2$와 $+8$이 동류항이다. 그리고 동류항끼리 계산하여 다음과 같이 식을 간단하게 만들 수 있다.

동류항

$$5x + 2 \quad -3x + 8 = (5x-3x)+(2+8) = 2x+10$$

동류항

**등식의 성질

(1) 등식의 양변에 같은 수를 더하여도 등식은 성립한다.

$$a=b이면 \ a+c=b+c$$

(2) 등식의 양변에서 같은 수를 빼도 등식은 성립한다.

$$a=b이면 \ a-c=b-c$$

(3) 등식의 양변에 같은 수를 곱해도 등식은 성립한다.

$$a=b이면 \ a\times c=b\times c$$

(4) 등식의 양변을 0이 아닌 같은 수로 나누어도 등식은 성립한다.

$$a=b이면 \ \frac{a}{c}=\frac{b}{c} \ (단, \ c\neq0)$$

"같은 방법으로 B 코스도 자유시간을 x로 두고 승마 체험은 2시간, 점심시간은 x시간, 수족관 관람은 $(2 \times x) = 2x$시간이니까 $2+x+2x+x = 6$으로 방정식을 만들어 풀면 $x=1$. B 코스의 자유시간은 1시간이야."

"거봐. A 코스가 더 많잖아. 딱 보면 안다는데도."

자신이 찍은 게 맞자 노을은 의기양양해졌다.

"수학 잘 찍어서 좋~겠다. 빨리 가서 신청하자!"

란희가 세 사람을 끌고 교무실로 들어서자 정태팔이 기다리고 있었다.

"선생님, 저희 5조 신청하려고요. A 코스요."

"그래."

정태팔이 노을을 향해 인자한 미소를 지어 보이고는 5조 옆에 A 코스라고 적었다. 뒤이어 태수가 들어섰다. 그들을 그냥 지나쳐 정태팔에게 가려던 태수가 고개를 돌려 파랑에게 물었다.

"너희 어디 코스야?"

"우린 A."

태수는 파랑의 답을 듣자마자 정태팔에게 가서 B 코스로 가겠다고 했다. 태수도 방정식을 풀었겠지만, 그는 자유시간보다 노을과 마주치지 않는 쪽을 택한 모양이었다. 란희는 그러거나 말거나 애들을 이끌고 복도로 나왔다.

"우리 소풍 가서 뭐 먹지?"

"놀이공원은 추러스지!"

"그래, 추러스! 그리고 핫도그! 자유시간이 2시간밖에 안 되니까 놀이기구 뭐 탈지도 생각해 봐야겠다."

"신났구만, 신났어."

노을과 란희가 만담을 주고받는 동안 놀이기구를 생각하고 있던 아름이 평소와는 달리 의욕적으로 입을 열었다.

"일단 기본은 바이킹. 새로 만든 롤러코스터가 있다던데. 그거 엄청 스릴 있고 재밌대. 그건 꼭 타야 해."

"난 회전목마도 타고 싶어. 시간이 될까?"

란희가 꿈꾸는 듯한 표정으로 말하자, 노을이 기겁했다.

"무슨 회전목마야! 갑자기 여자 사람인 척 굴지 마."

"시끄러워."

"응."

소풍 얘기는 아이들의 복잡한 머리를 급격히 단순하게 만들어 주었다. 란희와 아름은 인터넷으로 어떤 놀이기구가 있는지 알아보겠다며 신이 나서 기숙사로 들어갔다. 주말 내내 소풍 계획만 세울 기세였다.

"넌 안 들어가?"

파랑이 노을에게 물었다.

"먼저 들어가. 난 산책 좀 하게."

"그래, 그럼."

파랑이 미련 없이 돌아서고, 혼자 남은 노을은 천천히 학교를 걸었다. 소문이 번지는 데 시간이 얼마나 걸릴까. 소풍이 끝나면 달라진 아이들의 태도가 느껴질 것이다.

노을이 누구의 아들인지 알게 되면 아이들은 크게 세 부류로 나누어진다. 얼굴에 가식을 두르고 친해지려고 하거나, 부담스러워하거나 아니면 괴롭히고 시비 걸거나. 그 어느 쪽도 달갑지 않았다.

그때, 학교를 가로지르는 성인 남자의 그림자가 보였다. 자세히 보니 류건이었다. 노을은 인사할 타이밍을 놓쳐 어색한 자세로 그의 뒷모습을 바라보았다.

'이 시간에 어딜 가시는 거지…'

류건은 같은 보폭, 같은 속도로 걸어 후문 앞에 도착했다. 그리고 수위실을 향해 인사를 꾸벅하고는 학교를 빠져나갔다. 그는 PC방이 있는 허름한 상가 앞에 도착했다. PC방에 들어간 류건은 48번 자리에 앉았다.

여러 개의 인터넷 창을 띄워 놓고 다양한 사이트에 계속 로그인을 하는 모습이 기묘해 보였다. 계속 로그인만 하던 류건에게 메시지가 도착했다.

안졸리나졸려 > 잘돼 가?

거니 > 아니. 언제까지 이 짓을 해야 하는 거야?

안졸리나졸려 > 학교 근처에 수상한 자들이 목격됐다니까 며칠 안
남았어. 최대한 많은 사이트에 로그인 해.

거니 > 응. 그러고 있어.

안졸리나졸려 > 아이디 추적해서 너라는 걸 알게 되면, 그들이 먼
저 움직일 거야. 넌 훌륭한 미끼니까.

거니 > 그렇겠지. 아~ 빨리 끝내고 싶다.

안졸리나졸려 > 왜 옛날 생각나고 재밌지 않아?

거니 > 옛날 생각은 무슨. 컴퓨터 동아리 담당 네가 추천했다며?

안졸리나졸려 > 응. 귀엽잖아. 이 일 해결될 때까지 어차피 선생님
코스프레 해야 하는데, 재밌으면 좋지 뭐.

거니 > 됐다. 너나 코스프레 많이 해라. 아주 신이 나 보이던데.

안졸리나졸려 > 그래서 거절할 거야?

거니 > 아니. 일단 도장은 찍어 주려고.

안졸리나졸려 > 왜?

거니 > 신경이 쓰여서.

안졸리나졸려 > 중딩에게 신경 쓸 류건이 아니잖아? 무슨 일이야?

거니 > 이 학교 홈페이지 서버 내가 구축했잖아. 그런데 뚫고 들어
온 애가 있었어.

안졸리나졸려 > 뭐? 제로 아니야?

거니 > 아니야. 접속처가 기숙사 201호였어.

안졸리나졸려 > 201호? 아, 노을이구나.

거니 > 응.

안졸리나졸려 > 그런데 그게 가능해? 중딩이잖아.

거니 > 외부에서의 접속은 완벽하게 차단해 놨는데, 내부는 좀 느
슨하게 작업하긴 했어. 대신 추적코드를 달았고. 그래도 대
단하긴 하지.

안졸리나졸려 > 재밌네. 어, 잠시만. PC방 근처에 세 명이 접근하고
있어. 조심해. 난 지원팀에 연락한다.

안졸리나졸려 님이 로그아웃하셨습니다

류건은 로그인 중이던 창을 모두 닫고, 게임을 시작했다. 화면
가득히 캐릭터들이 등장했다. 류건은 그중에서 가장 헐벗은 캐릭
터를 골라 플레이를 시작했다.

잠시 후 PC방 안으로 낯선 남자 셋이 들어와 류건의 모니터가
보이는 뒤쪽에 자리를 잡고 앉았다.

"아~ 오늘은 레어템 좀 건지려나."

일부러 과장되게 말하며 기지개를 켠 류건은 열과 성을 다해
게임에 몰두했다.

4장

소문에 발이 달리다

파란노을

봄이 성큼 다가온 토요일 저녁, 조금 일찍 식당을 찾은 노을과 란희, 아름은 한가롭게 자리에 앉아 식사 시간이 시작되기를 기다리고 있었다.

"이번 주말에는 집에 안 간 애들이 많네."

주위를 둘러보던 란희의 말에 아름이 고개를 끄덕였다.

"집에 가면 잔소리나 듣지 뭐. 기숙사가 편해."

주말 반찬은 평일보다 훨씬 좋았다. 아름과 노을은 한 접시 가득 잡채밥을 담아와 본격적으로 식사를 시작했다. 하지만 란희는 잡채 속 오이를 골라내느라 아직 밥을 먹지 못하고 있었다.

"볶은 건 좀 먹어라."

노을은 핀잔을 주면서도 오이 골라내기에 동참했다.

"너 오이 못 먹어?"

물끄러미 지켜보던 아름이 묻자, 란희가 고개를 끄덕였다.

"비린내 나."

마침 아이들이 하나둘씩 들어와 노을을 보며 무언가 수군거리기 시작했다. 아이들의 시선을 먼저 감지한 란희는 오이를 골라내다 만 잡채밥을 먹기 시작했다.

"어? 아직 남았는데?"

"이 정도는 먹어도 안 죽어."

란희는 빠른 속도로 밥을 해치우고는 벌떡 일어났다.

"다 먹었으면 가자."

그제야 노을은 주변의 아이들이 모두 자신을 주시하고 있음을 깨달았다.

"그래. 아이스크림 먹을래?"

"네가 사는 거냐?"

"아니. 네가 사라."

"아~ 있는 것들이 더해요."

학생식당을 나서며 란희가 툴툴거렸다.

"밥 먹는데 너무 대놓고 보는 거 아니야?"

란희가 말을 꺼내자 노을이 머쓱하게 웃었다.

"미안해. 나 때문에 너희까지 오르내리는 것 같던데."

"네가 미안할 게 뭐 있어. 괜찮아. 하지만 아이스크림은 네가 사는 걸로."

결국, 세 사람은 노을이 산 아이스크림을 입에 물고 스터디 룸을 향해 움직였다. 유리문을 넘어서자, 구석진 방에서 혼자 공부하고 있는 파랑이 보였다. 란희는 파랑이 있는 방의 문을 활짝 열었다.

"밥 먹었어?"

"생각 없어."

파랑은 참고서에서 눈을 떼지 않고 말했다.

몇 군데 비어 있는 방이 있었지만, 란희는 굳이 파랑이 쓰는 방에 들어가 자리를 잡았다. 노을과 아름도 뒤따라 들어왔다. 파랑도 반기는 기색은 아니었지만, 귀찮아하는 느낌도 없었다. 이제는 노을이네 멤버의 침입을 자연스럽게 받아들이고 있었다.

"너 있는 줄 알았으면 아이스크림 하나 더 사올걸. 한입 먹을래?"

"단 거 싫어해."

노을이 먹던 아이스크림을 내밀었지만, 파랑은 여전히 고개를 들지 않았다.

"음, 여기 애들도 쳐다보네."

란희가 보는 방향을 노을도 응시했다. 노을과 눈이 마주친 몇몇은 황급히 고개를 돌렸지만, 곁눈질을 멈추지는 않을 모양이었다.

"뭐 하루 이틀도 아니고, 익숙해지자. 다 내가 잘생긴 탓이니까."

"그건 아니거든."

"아, 왜! 나 정도면 잘생겼지."

"아무래도 우리 학교에서 외모 갑은 태수? 파랑이?"

노을과 란희의 대화를 조용히 듣고 있던 아름이 조심스레 입을 열었다.

"류건 쌤도 잘생기셨잖아. 눈이 유리수 오빠 닮았어."

"너 설마 류건 쌤으로 갈아타는 거야?"

"말도 안 돼! 나한테는 유리수 오빠뿐이야. 배신은 있을 수 없어."

아름이 정색하자, 란희가 깔깔거리고 웃었다.

"나! 나 말이야. 나!"

노을이 다시 끼어들었지만, 란희는 들은 척도 하지 않았다.

"류건 쌤은 쌤이니까 제외하자. 다른 후보 없나? 음, 없네."

"야~ 사람 앞에 놓고 너무 무시하는 거 아니야?"

"아, 미안."

아름이 급히 사과했지만, 그게 더 웃겼는지 란희의 웃음소리가 더욱 커졌다. 한참 후에야 웃음을 겨우 멈춘 란희가 장난스럽게 말을 이었다.

"결론을 못 내리겠네. 태수? 파랑이? 그래. 파랑이 너로 해 줄게."

파랑은 조금도 고맙지 않은 것 같은 눈빛으로 란희를 한번 보고는 다시 참고서로 시선을 옮겼다.

"그나저나 동아리 이름을 정해야 할 텐데. 그냥 컴퓨터 동아리 이럴 수는 없잖아."

노을의 고민에 아름과 란희도 동참했다.

"생각해 둔 거 있어?"

"음. NULL 어때?"

노을이 의견을 제시했다.

"그게 뭔데?"

"NULL, 어떠한 값도 가지지 않았다는 뜻? 뭐, 비어 있다는 의미야. 비어 있는 공간을 우리만의 아이디어로 채우겠다는 의미를 담으면 어떨까?"

"그럴싸한데."

NULL로 확정되려는 순간 아이스크림을 다 먹은 아름이 다시 조심스레 말했다.

"그런데 그 이름의 의미를 아는 애들 아무도 없을 것 같아. 게다가 영어 이름은 가능하면 피하라고 하셨어."

"한글 이름이라. 뭐 신선한 거 없을까."

노을이 이런저런 단어를 떠올리며 주위를 둘러보니 다른 방에 있는 아이들이 모두 자신을 쳐다보고 있었다. 처음에는 유리벽으로 만들어져 있는 스터디 룸이 예쁘다고 생각했지만, 이래서는 이곳에 오는 것도 부담스러울 것 같았다.

노을은 꼭 동아리 승인을 받아서 동아리 방을 배정받아야겠다고 결심했다.

"그럼 '파란노을' 어때? 파랑이랑 노을이 이름을 합쳐서."

파랑과 노을을 번갈아 보던 란희가 말했다.

"야! 유치하게 파란노을이 뭐냐."

"왜! 우리가 졸업한 다음에도 컴퓨터 동아리 이름으로 길이길이 남을 텐데. 뭔가 궁금증을 일으키는 이름 아냐?"

"아, 그러네. 신입생마다 왜 파란노을이냐고 물어보겠다. 그치?"

노을의 귀가 팔랑팔랑해져서 '파란노을'로 확정될 것 같은 분위기가 되었다. 그러자 파랑이 고개를 들었다.

"나 들어간다는 말 안 했는데?"

"앙탈은."

그때였다. 란희의 목소리를 가르며, 문이 열렸다. 뒤를 돌아보니 단발머리 여학생 셋이 문 앞에 서 있었다. 그중 한 명이 노을 앞에 딸기우유를 놓고는 까르르거리며 달려 나갔다.

노을은 자신 앞에 놓인 딸기우유를 멍하니 보았다. 여자아이는 부끄러운지 얼굴까지 빨개진 채 친구 뒤에 숨어 버렸다.

"얼씨구."

란희가 어이없어하자, 아름이 여자아이들을 보며 말했다.

"무한소수반 애들인데."

"뭐? 무슨 반?"

"0.9̇, 1반 애들이라고."

란희는 스터디 룸에 있는 여자아이들의 시선이 모두 노을에게 쏠려 있는 것을 보고는 딸기우유를 집어 들었다.

"무한이건 뭐건 그래 봤자 지들이 소수지. 너 안 마실 거지? 이건 내가 없애 버려야겠다."

란희가 딸기우유를 한입에 털어 넣었다. 멀찌가니 떨어져 보고 있던 여자애들이 분한 듯 발을 동동 굴렀지만, 란희는 신경도 쓰지 않는 것 같았다.

"노을이도 인기 많구나."

아름의 말에, 란희가 빈 우유곽을 내려놓으며 말했다.

"거품이야, 거품. 왜 여자애들 그런 거 좋아하잖아. 자기는 신데렐라, 얘는 왕자님. 덕분에 아주 귀찮아지겠어."

"왜?"

"너도 귀찮아질 거야. 너랑 사귀냐는 둥 아니면 소개해 달라는 둥, 어떤 스타일 좋아하냐는 둥 엄청난 질문에 시달릴 것이니라."

"노을이도 힘들겠다."

아름이 걱정스럽다는 듯 노을을 응시했다.

"무슨, 관리하는 내가 힘들지. 쟤는 싫다고 하면서 은근히 즐기는 스타일이거든."

"사람 앞에 놓고 씹지 마라."

스터디 룸에 란희의 웃음소리가 다시 울려 퍼졌다.

그렇게 토요일 밤이 깊어 가고 있었다. 한참 떠들던 아이들은 기숙사로 향했다.

기숙사 방에 돌아온 노을은 텅 빈 방에 앉아 태수의 침대를 응시했다. 아침 일찍 태수가 짐을 싸서 집으로 가 버렸기 때문에 그 뒤로 한마디도 나누지 못한 상태였다. 오늘따라 일찍 일어난 덕분에 태수와 눈이 마주쳤지만, 냉담한 눈초리 탓에 인사도 건네지 못했다.

"아~ 모르겠다."

노을은 그대로 침대에 드러누웠다. 그러자 노트북에서 낯익은 목소리가 들렸다.

"왔으면 인사는 해야지."

갑자기 귀 옆에서 들려온 목소리에 놀란 노을이 벌떡 일어나 앉았다. 그리고 노트북을 내려다보자, 인상을 쓰는 모양의 이모티콘이 떠 있었다.

"네가 먼저 말을 걸 수도 있는 거야?"

"당연한 거 아니야?"

"그게, 당연한 건가."

켜 놓고 가기는 했지만, 자신이 들어온 것을 감지하고 말을 걸다니. 피피는 확실히 프로그램을 벗어난 존재 같았다. 노을은 머리를 긁적이며 노트북 앞으로 갔다.

피피는 어디까지 성장하게 될까. 노을은 궁금하기도 하고 걱정스럽기도 했다. 피피가 악용된다면 돌이킬 수 없는 일이 일어날 것만 같았다.

"있잖아. 나 혼자 있을 때 말고는 말을 걸지 않았으면 좋겠어."

"왜?"

"너에 대해 알게 되면 노릴 사람들이 있을 것 같아서 그래."

"알았어. 누군가 있으면 그냥 보통 프로그램인 척할게."

"응. 그리고 숙제 좀 도와줘."

노트북에 스마일 이모티콘이 떠올랐다.

"좋아!"

회전목마

기대와 달리, 소풍날 아침 하늘은 몹시 흐렸다. 하지만 날씨는 상관없다는 듯 아이들은 활기찬 모습으로 강당에 모여들었다. 와글거리는 소리로 가득 찬 강당은 어느 때보다 생기가 넘쳤다.

강당은 정태팔의 등장과 함께 조용해졌다. 정태팔은 음산한 얼굴에 어울리지 않는 요상한 등산 모자와 허름한 추리닝을 입고 있었다. 노을과 란희는 그 옷차림을 보고 한참 동안 키득거렸다.

"자! 조별로 인원 체크 받고 바로 버스에 올라타."

한편, 날씬한 몸매가 잘 드러나는 청바지를 입고 있는 김연주는 기분이 좋은지 목소리가 한 톤 높아져 있었다.

"체크 끝났습니다."

인원 점검을 마친 태수가 김연주에게 말했다.

"고마워. 그럼 이제 태수네 조는 버스에 타. 거기! 조용히 안 하니?"

김연주가 아이들을 조용히 시키는 동안 인원 점검을 마친 란희네 조도 버스에 올랐다. 칙칙한 교복을 벗고 사복을 입은 란희는 한층 더 발랄해 보였다. 모두 버스에 타자, 정태팔이 이름표를 나눠 주었다. 아이들은 이름표를 받아 저마다 목에 걸었다.

"외투로 가리지 말고 잘 보이게 걸고 다니도록. 알았나?"

"네!"

버스가 출발했다. 달리는 버스 안에서도 파랑은 책을 읽었다. 옆에 앉은 노을은 음악을 들으며 잠을 청했지만 좀처럼 잠이 오지 않았다. 맨 뒷자리를 차지하고 앉은 태수네 멤버가 떠들고 있었던 탓일까. 성질 같아서는 조용히 하라고 말하고 싶었지만, 더 이상 눈에 띄고 싶지는 않았다.

노을은 과자라도 꺼내 먹으려고 허리를 숙이다가 버스가 급커브를 도는 바람에 파랑의 책을 손으로 탁, 쳐 버렸다. 책은 요란한 소리를 내며 떨어졌고 파랑은 팔을 뻗어 의자 틈새에서 책을 주워 들었다. 머쓱해진 노을이 과자 봉지를 쓱 내밀며 물었다.

"먹을래?"

"단 거 싫어해."

단호한 대답에 당황한 노을의 얼굴에 미소가 어렸다. 확실히 이전과 달라진 게 없다. 자신이 누구의 아들이건 상관없어 할 사람이 한 명 늘었다는 사실에 노을은 신이 났다.

"그럼 이건? 짭짤한 거야!"

또 다른 과자를 꺼내 든 노을을 보며 파랑이 조금 귀찮다는 표정을 짓더니 과자를 받아 들었다. 과자를 입에 문 노을은 란희와 아름이 곤히 잠들어 있는 모습을 발견했다. 노을은 핸드폰으로 두 사람을 찍었다. 입을 살짝 벌리고 잠들어 있는 란희의 모습이 귀여웠다.

얼마 후, 정태팔이 큰 소리로 말했다.

"이제 곧 도착한다. 옆자리에 자는 애들 깨워라!"

버스가 랄랄라랜드 주차장에 들어서자 아이들은 와자지껄 떠들기 시작했다.

"다들 조용! 기사님, 다른 버스가 올 때까지 문 열지 말고 기다려 주세요. 자자, 쓰레기! 소지품! 빠트린 거 없이 전부 챙기도록!"

버스 문이 열리자 아이들이 앞다투어 내렸다.

아이들은 티켓을 팔목에 차고 놀이공원에 입장했다. 놀이공원은 하늘색, 분홍색 궁전과 풍차 그리고 알라딘 옷을 입은 안전관리 요원들 덕에 알록달록했다.

천장에는 커다란 애드벌룬이 떠 있었고, 하늘자전거도 계속 돌고 있었다. 조금 더 가니 멀리 바이킹이 높이 올라갔다가 내려가는 게 보였다. 바이킹에 탄 사람들이 손을 번쩍 들고 함성을 질렀고, 그 옆으로 롤러코스터가 빠르게 지나갔다.

"뭐부터 탈 거야? A 코스는 자유시간이 먼저잖아."

"당근 바이킹이지!"

노을이 외쳤다.

"벌써 줄이 긴데?"

"나중엔 더 길어질걸! 일단 사람이 적을 때 바이킹부터 타야
해. 뛰어!"

노을의 외침에 따라 아이들은 사람들 사이를 뚫고 바이킹 대기
줄을 향해 뛰어갔다. 가장 먼저 도착한 사람은 의욕적으로 달렸
던 노을이었다. 대기 시간은 30분이었다. 나머지 아이들은 느릿느
릿 바이킹을 향해 나아갔다.

＊

소풍은 기대했던 것보다 훨씬 즐거웠다. 줄이 긴 놀이기구도 많
았지만 수다를 떨다 보니 시간이 금방 지나갔다. 셀카를 천 장쯤
찍어 댈 기세인 란희와 아름을 지켜보는 것도 꿀재미였다. 파랑은
특별히 하고 싶은 게 없는지 그저 노을과 란희가 이끄는 대로 따
라왔다.

점심시간이 지나자 퍼레이드가 시작되었다. 퍼레이드만은 절대
놓칠 수 없다고 엄포를 놓은 란희가 좋은 자리를 차지하려고 힘
차게 걸었다.

앞자리는 이미 꽉 차 있었다. 란희가 사람들 틈을 비집고 들어
가려고 하자 노을이 앞장섰다. 곧이어 팡파레가 울리고 퍼레이드
가 시작되었다. 사람들이 여러 나라의 전통의상을 입고 행진했다.

흥겨운 연주와 함께 악대가 지나가자 동물 마차와 댄서들이 뒤따랐다. 란희와 아름은 손뼉을 치며 까르르 웃어 댔다.

턱시도를 입은 금발의 백인 남자가 란희와 아름을 보며 모자를 벗어 인사했다. 란희와 아름은 끌어안고 비명에 가까운 탄성을 질렀다. 노을은 어이가 없다는 듯 한숨을 내쉬었다.

"여자들이란."

그 말에 파랑도 처음으로 고개를 끄덕였다.

애니메이션 캐릭터들이 등장하는 퍼레이드가 시작되자 함성은 더욱 커졌다. 아이, 어른 할 것 없이 모두 함박웃음이었다. 공주와 왕자들이 애니메이션 OST에 맞춰 걸음을 옮겼다. 그들이 지나갈 때마다 탄성과 함성이 뒤섞였다. 그러던 중 구경꾼들 사이에서 소란이 벌어졌다.

"무슨 일이지?"

소리가 나는 방향을 바라보던 란희를 누군가 세게 밀치고 달려나갔다. 뒤에 있던 파랑이 다급하게 란희의 어깨를 붙잡아 끌어당겼다. 뒤섞인 인파 속에서 하마터면 크게 다칠 뻔했다. 곳곳에서 검은색 정장을 입은 남자들이 달리는 모습이 보였다. 이미 몇몇 아이들은 넘어졌는지 사방에서 큰 울음소리가 들려왔다.

"괜찮아?"

파랑이 걱정스러운 얼굴로 묻자, 란희가 고개를 끄덕였다. 남자와 부딪힌 어깨가 아픈 듯했지만 다친 곳은 없었다. 노을은 못내 분한지 달려가는 검은색 정장의 뒷모습을 노려보았다.

네 사람은 아수라장이 된 퍼레이드에서 겨우 빠져나와 회전목마를 향해 걸어갔다. 그런데 한쪽에 검은색 정장들이 누군가를 둘러싸고 있는 게 보였다. 주위에 사람들이 많았지만, 누구 하나 나서지 않았다.

"뭐야? 설마 악의 무리? 놀이공원에서 동심파괴네."

노을이 악의 무리를 응시했다. 그런데 악의 무리에게 둘러싸인 남자의 얼굴이 익숙했다.

"어? 컴퓨터 쌤이잖아."

란희의 말을 들은 순간, 노을은 후문에서 남자들이 하던 말이 떠올랐다. 역시 류건이 gun007인 모양이었다. 저, 선생님 도대체 무슨 짓을 한 거야.

"우리 쌤 어떻게 해."

아름이 울상을 지으며 발을 동동 굴렀다.

"내가 보안요원 불러올게!"

란희가 아름의 손을 붙잡고 회전목마 관리 직원이 있는 방향으로 달려갔다. 검은 정장들은 류건을 어디론가 데려가려고 하는 것 같았다. 노을이 나서려고 하자, 파랑이 그의 어깨를 붙잡았다.

"위험해. 어른들이잖아. 게다가 숫자도 많아."

"누가 싸운대? 보안요원 올 때까지 시간은 끌어 봐야지."

노을이 앞으로 나서며 큰 소리로 외쳤다.

"선생님!!!!!!!!!!! 애들이 찾아요!!!!!"

갑자기 난입한 노을을 본 검은색 정장과 류건의 미간이 동시에 찌푸려졌다. 노을은 다짜고짜 류건의 팔을 잡고 사람들이 많이 오가는 대로변 쪽으로 끌어당겼다. 지켜보던 파랑도 마지못해 합세했다. 하지만 곧 검은색 정장을 입은 남자들이 세 사람을 둘러 쌌다.

"너희는 왜 나서?"

류건이 한숨 쉬듯 말하자, 노을이 당당하게 대답했다.

"우리 동아리 쌤인데, 우리가 지켜야죠."

"아이들은 안 보이는 곳으로 치우십시오."

검은색 정장 중 보라색 넥타이를 한 남자가 귀찮다는 듯 지시했다. 존댓말에 부드러운 목소리였지만, 위압감이 느껴졌다. 그의 지시에 따라 검은색 정장 몇 명이 노을과 파랑의 팔을 잡았다.

"아씨! 이거 놔요!!"

그때 보라색 넥타이가 노을을 응시했다. 노을의 목에 걸린 이름 표를 본 보라색 넥타이의 표정이 갑자기 굳었다.

"잠깐! 우리가 철수합니다."

보라색 넥타이의 말에 검은색 정장들이 빠른 속도로 사라졌다. 뒤늦게 도착한 보안요원이 멍하니 서 있었다. 검은색 정장들은 순식간에 사라지고 류건과 노을, 파랑만 남았다.

보안요원이 류건에게 다가갔다.

"무슨 일입니까? 혹시 무슨 피해라도."

"제가 일부러 부딪쳤다고 시비를 걸지 뭡니까. 때맞춰 와 주셔서 그냥 도망갔나 봅니다."

류건은 웃으며 그렇게 말하고는 돌아섰다.

"괜찮아?"

란희의 질문에 노을이 어깨를 으쓱해 보였다.

노을은 gun007이 류건이라는 심증을 굳혀 가고 있었다. 순식간에 작아진 류건의 뒷모습을 보던 노을을 란희가 잡아끌었다.

아이들은 자연스럽게 회전목마로 향했다. 빙글빙글 돌아가는 말과 마차를 보는 란희와 아름은 굉장히 즐거워 보였다. 다행히 줄이 길지 않아서 금방 탈 수 있을 것 같았다. 그런데 앞서가던 란희와 아름이 보이질 않았다.

두리번거리다 보니 무언가를 향해 달려가는 아름의 뒷모습이 보였다. 란희도 아름의 뒤를 따라 뛰고 있었다. 아름은 리미트 실물 사이즈 광고 패널 앞에서 멈춰 섰다. 그녀들을 뒤따라온 노을과 파랑은 어이가 없었다.

실물도 아니고, 패널 따위한테 달려가다니.

"회전목마 안 타?"

노을이 물었지만, 아름은 리미트 패널을 보고 눈을 빛내다가 유리수 옆에 조심스럽게 섰다.

"찍어 줘."

수줍게 말한 아름이 포즈를 취하자, 란희도 무리수 뒤에 섰다.

"이런 사진은 왜 찍는 거냐."

"닥치고 찍어라."

"응."

란희의 근엄한 어투에 노을은 카메라를 들었다. 그리고 다양하게 포즈를 바꾸는 두 사람을 열심히 찍었다. 파랑은 그런 세 사람을 보며 조금, 웃었다.

파랑은 노을 무리와 함께 있는 이 시간이 불편하지 않았다. 그들은 파랑의 무심함을 이상하게 보지 않았다. 무심해서 이상한 애가 아니라 그냥 무심한 애로 받아들여 주는 기분이었다.

파랑이 노을을 보며 말했다.

"동아리 들어갈게."

✳

류건은 평소보다 일찍 일어났다. 알람시계가 울리기 15분 전이었다. 류건은 출근 준비를 시작했다. 수학특성화중학교 교직원 기숙사에 들어온 지 얼마 되지 않았지만, 이 공간이 낯설지는 않았다. 수학특성화중학교가 한국과학고였던 시절, 그는 이 학교의 학생이었다. 졸업은 못 했지만 말이다.

그의 방은 기숙사 치고는 꽤 넓었다. 방을 채우고 있는 모던한 가구 또한 고급스러워 보였다. 무엇보다도 벽 한쪽에 모니터 5대와 연결된 컴퓨터가 있었다.

류건이 방문을 열고 나가자, 모니터 앞에 앉아 있는 두 남자가 알은체를 했다.

"수고하십시오."

그는 고개를 숙이고는 남자들이 보고 있던 모니터를 힐끔 보았다. 학교 곳곳의 CCTV와 연결된 화면이었다.

이른 시간의 학교는 조용했다. 류건은 회의실로 향했다. 회의실에는 싸늘한 공기가 맴돌았다. 손목시계는 아직 7시 15분을 가리키고 있었다. 그는 창가를 서성이며, 출근하는 교사들과 일찍 일어난 학생들을 바라보고 있었다.

이곳에 다시 돌아오게 될 줄은 몰랐다. 그것도 교사로.

감상에 잠겨 있는데 누군가 회의실에 들어왔다. 양손에 일회용 커피잔과 재킷을 든 채로 들어온 이는 김연주였다. 그녀는 테이블 위에 커피잔을 내려놓았다.

"일찍 왔네."

"응."

류건이 쇼파에 느긋하게 기댄 채 김연주를 응시했다.

"다시 연락 없어?"

"없어. 놀이공원이 기회였는데 그 녀석들이 망쳐 놨어. 또 얼마나 기다려야 접근하려나."

김연주는 평소의 상냥한 모습을 모두 걷어내 버린 모습이었다.

"신중한 놈들이니까. 그런데 이상한 게 있어. 나를 찾아왔던 놈들 중 한 명이 진노을을 알아봤던 것 같아."

"진노을?"

"응. 기분 탓인지는 모르겠지만."

김연주의 눈초리가 매서워졌다.

"아마 맞을 거야. 잊고 있었는데 그 애, 아버지가 진영진이야."

진영진, 이라는 이름을 중얼거린 류건의 표정이 차가워졌다.

"그럼, 크게 두 가지네. 수학중학교에 다니는 애들 중에서 건드려서는 안 될 학생의 리스트를 제로가 가지고 있거나, 제로와 진영진이 관련되어 있거나."

"맞아. 전자였으면 좋겠지만 후자일 가능성도 있어."

류건은 한숨을 내쉬었다.

"아무래도 지켜봐야겠다."

"응. 우리 반 애니까 나도 주시할게."

"생각보다 선생질 오래 할 수도 있겠는데."

"뭐 애들은 귀엽잖아."

류건이 커피를 입에 가져가는 걸 보며 김연주가 일어섰다.

"가게?"

"조례해야지."

김연주는 복도로 나섰다. 그녀는 조금 전 류건 앞에서 보이던 표정을 모두 지웠다. 그리고 청순한 느낌의 미소를 덧씌웠다. 복도에서 인사하는 아이들 하나하나에게 친절하게 인사해 주는 것도 잊지 않았다.

동아리 심사 테스트

따뜻한 봄 햇살이 복도까지 들어와, 떠다니는 먼지조차 예뻐 보이는 날이었다. 동아리 대표 임시소집이 있다는 말에 슬렁슬렁 나선 노을은 교실에 커다란 글씨로 적혀 있는 동아리 명단을 주시했다.

어느 학교에나 있는 방송부부터 도서부, 영화감상, 요리 같은 취미부 그리고 농구부나 축구부 같은 운동부서에 댄스부까지 있었다. 학생 수는 120명밖에 안 되는데 동아리가 20개를 넘어서고 있었다.

자리를 잡고 앉아 있는데 태수가 들어왔다. 태수는 노을을 발견하고는 가장 먼 쪽에 자리를 잡고 앉았다. 학부모 상담 이후 태수는 노을에게 단 한마디도 걸지 않고 있었다.

잠시 후 동아리 담당인 정태팔이 교실로 들어왔다.

"동아리 개설에 대해 설명하겠다. 지금 개설을 앞둔 동아리는 총 21개다. 간단한 테스트를 통해 동아리 승인 여부를 결정할 것이다. 테스트 항목은 동아리 특성과 수학을 접목해서 출제했고 조원들이 함께 문제를 풀 수 있다."

교실이 술렁였다. 또 테스트였다.

"홈페이지 공지사항을 확인하면 동아리별 테스트 날짜와 장소, 준비물이 공지되어 있을 것이다. 테스트를 통과하지 못한 동아리는 자동 해체다. 이상이다."

정태팔이 나가자 노을은 멍해졌다. 동아리 하나 만드는 일이 이렇게 힘들 줄이야. 다른 아이들도 투덜거리며 일어났다.

교실로 돌아간 노을은 침통한 표정으로 파랑을 응시했다.

"왜?"

노을은 파랑에게 테스트에 관해 설명했다.

"동아리 개설 허가가 나려면 테스트를 통과해야 한대. 아마 수학 문제일 것 같아."

"통과하면 되겠네."

파랑이 무덤덤하게 말하자 노을은 깨달음을 얻은 표정이 되었다. 정태팔은 분명 '함께' 풀면 된다고 했고, 파란노을에는 파랑이 있었다.

이틀 뒤 방과 후, 텅 빈 컴퓨터실의 문이 열렸다. 갇혀 있던 서늘한 공기가 막 체육 수업을 끝내고 돌아온 노을의 땀을 식혀 주었다. 아름과 란희, 파랑도 뒤따라 들어와 한 자리씩 차지하고 앉았다. 어느덧 해가 저물고 있었고, 컴퓨터실 창문 너머로 보이는 본관 건물은 어둑해졌다.

컴퓨터 동아리 심사는 9번째였다. 앞에 8개의 동아리 중 허가가 난 동아리는 수학 동아리를 포함한 3개뿐이었다.

이윽고 정태팔이 들어왔다. 정태팔의 손에는 하얀 종이 몇 장이 들려 있었다.

정태팔은 아무런 인사도 없이 곧장 본론으로 들어갔다.

"모두 왔겠지? 자, 시험을 시작하겠다. 동아리 대표인 진노을 학생 혼자 남아서 문제를 풀고, 나머지는 모두 다른 곳으로 이동해 힌트를 찾는다."

"저, 문제를 파랑이가 풀면 안 될까요?"

란희가 애교 섞인 미소를 띠며 물었지만, 정태팔의 대답은 단호했다.

"안 된다. 진노을을 제외하고는 모두 나가도록."

아이들은 노을을 한번씩 돌아보고는 컴퓨터실을 나섰다. 란희는 주먹을 불끈 쥐고 화이팅! 하고 소리 없이 외쳤다. 노을은 여유로운 척 웃으며 손가락으로 V를 만들어 보였지만, 불안한 마음은 어쩔 수 없었다.

정태팔은 밖으로 나온 아이들에게도 종이를 한 장 내밀었다. 종이에는 211. _ _ _ . _ _ _ . _ _ _ 라고 쓰여 있었다. 아무래도 힌트를 찾아 빈칸을 채워야 하는 모양이었다.

"본관 건물에 가면 힌트를 찾을 수 있을 거다. 정답을 알아내든,

힌트를 가지고 오든 시간은 20분이다. 시간 내에 오지 않으면 당연히 진노을은 너희들의 도움을 받을 수 없다."

"그게 끝이에요? 본관 어디요? 그 넓은 데서 뭘 어떻게 찾아요?"

갑작스러운 정태팔의 얘기에 란희는 어이없다는 듯 물었다.

"더는 해 줄 이야기가 없다. 그리고 핸드폰은 모두 수거하겠다."

아이들은 어쩔 수 없이 핸드폰을 모아서 냈다. 그러자 정태팔은 손목시계를 보았다.

"그럼 시작!"

정태팔의 말에 아이들은 본관을 향해 냅다 달리기 시작했다. 20분, 빨리 뛰지 않으면 시간이 부족할 것이다. 아름과 란희가 조금 뒤처지자 파랑은 속도를 늦췄다. 그 와중에 파랑은 본관 건물 몇 군데에 불이 켜져 있는 것을 발견했다.

파랑이 뒤돌아 아름과 란희에게 말했다.

"난 2층. 너흰 3층, 4층. 불이 켜져 있는 교실로 가 봐!"

"알았어!"

란희가 기운찬 목소리로 대답했고 파랑도 서둘러 달렸다.

어두컴컴한 학교는 생각보다 음산했다. 파랑은 어슴푸레 비쳐 오는 교실 불빛을 따라 2층에 도착했다. 불이 켜진 교실은 총 3개였다. 1학년 2반, 1학년 3반, 1학년 4반. 파랑은 곧장 가장 가까운 교실로 들어가 주변을 살폈다. 4반, 란희의 반이었다.

'평소와 같은 교실인데 뭐가 힌트라는 거지?'

파랑은 교실을 꼼꼼히 살펴본 후 옆 교실로 움직이기 위해 복도로 나왔다. 어느새 내려온 란희와 아름이 파랑을 불렀다.

"파랑아!"

"왜?"

아름이 난처한 표정으로 대답했다.

"뭘 어떻게 해야 하는지 모르겠어."

"란희 넌? 뭐 알아낸 거 있어?"

"아니. 불이 켜진 곳이 한두 군데도 아니고, 어떻게 생겨 먹었는지도 모르는 힌트를 무슨 수로 찾으라는 거야."

란희가 투덜거리기 시작하자, 파랑은 오히려 냉정한 얼굴이 되었다. 파랑을 주시하던 아름이 조심스레 물었다.

"근데 우리 몇 분 남았어? 시계 있는 사람 있어?"

두 사람은 고개를 저었다. 파랑이 시간을 확인하러 3반 교실로 들어갔다. 곧이어 고개를 갸웃거리며 나오더니 급히 그 옆 교실로 향했다. 란희와 아름은 무슨 영문인지 몰라 파랑을 멀뚱히 보고 있었다. 파랑은 불이 켜진 마지막 교실까지 확인한 뒤 아이들에게로 돌아왔다.

"3반 디지털 시계 있잖아. 그게 꺼져 있어. 옆 반도 그렇고. 4반은 시계 전원은 들어왔는데, 오전 10시에 멈춰서 깜빡거리고 있었고. 교실마다 전부 시계가 고장 나 있다는 게 좀 이상하지 않아?

시계가 힌트 아닐까?"

파랑의 말에 란희가 맞장구를 쳤다.

"그럼 내가 위층에 불이 켜진 교실들 시계가 어떤지 확인하고 올게!"

란희가 말을 끝내자마자 뛰어가려고 하는 것을 파랑이 붙잡았다. 그리고 종이와 펜을 내밀었다.

"4층은 내가 갈 테니까 너흰 3층에 다녀와. 여기에 적어 오고."

"응! 넌?"

"난 외우면 돼."

"오~ 그래!"

기분 좋은 웃음을 짓고는 란희와 아름이 달려갔다.

한편, 노을은 컴퓨터 전원을 켰다. 컴퓨터실 화이트보드에는 간단한 문제 하나가 적혀 있었다.

— 15번 컴퓨터를 인터넷에 연결할 것.

'보통 데스크톱 PC는 본체에 케이블 선만 꽂아 주면 될 텐데.'

노을은 급히 PC 본체를 앞으로 당겨 뒷부분을 확인했지만, 잘 연결되어 있었다.

'그럼 랜카드나 메인보드의 드라이버 프로그램이 안 깔린 건가?'

노을은 윈도 화면이 떠오르자 습관처럼 인터넷 버튼을 더블 클릭했다.

— 네트워크에 연결되어 있지 않습니다.

노을은 환경설정 메뉴에 들어갔다. IP 주소 중 211. _ _ _ . _ _ _ . _ _ _ 이렇게 아홉 자리가 비어 있었다.

편지를 주고받을 때 주소가 있어야 하는 것처럼 컴퓨터도 마찬가지다. 인터넷에 접속해서 정보를 주고받으려면 각 컴퓨터에 부여된 IP 주소가 필요하다. IP 주소는 총 12자리로 구성되는데, 보통은 컴퓨터가 켜지면서 인터넷 특정 서버가 IP 주소를 보내 주고 자동으로 설정된다. 하지만 학교 내부 컴퓨터는 학교 전산실에서 IP 주소를 개별적으로 할당해 관리한다. 그래서 전산실에서 할당한 고정 IP를 꼭 입력해 주어야만 인터넷에 연결할 수 있었다.

'나머지 IP 주소를 마저 입력해서 인터넷에 연결하는 문제구나.'

노을은 긴장을 가라앉히고 크게 심호흡을 했다. 9개의 숫자가 있어야 인터넷에 연결할 수 있었다.

'이제 애들이 올 때까지 기다리면 되는 건가.'

다리를 쭉 펴고 의자에 기대자 창밖으로 본관 건물의 환한 불빛이 눈에 들어왔다.

한편, 3층에서 돌아온 란희와 아름은 숨을 거칠게 몰아쉬며 먼저 도착한 파랑에게 종이를 내밀었다.

"헉, 헉… 3층도 같은 위치, 교실 3개에 불이 들어와 있어. 2학년 3반은 오후 3시에, 4반은 오후 7시에 멈춰져 있고."

허리를 숙인 채 숨을 고르는 란희의 등을 아름이 토닥여 주었다. 파랑은 종이에 무언가 적어 내려갔다.

"그럼 2학년 2반은 불은 켜져 있고, 시계는 꺼져 있다는 거지?"

파랑의 질문에 란희는 고개를 세차게 끄덕였다.

"응! 그런데 이게 정말 힌트일까?"

"아마도 맞을 거야. 4층도 같은 위치에 불이 켜져 있고 3학년 2반 시계만 오후 8시에 멈춰 있어. 정리하면 불이 켜진 9개 교실 중에 멈춰진 시계는 네 곳. 이게 분명히 문제를 푸는 힌트가 될 거야. 시간이 없으니 일단 이걸 노을이에게 가져가자."

본관 건물

4층	3-2 ⏰ 오후 8:00	3-3	3-4
3층	2-2	2-3 ⏰ 오후 3:00	2-4 ⏰ 오후 7:00
2층	1-2	1-3	1-4 ⏰ 오전 10:00

파랑의 결정에 두 아이도 다시 뛸 준비를 했다.

"내가 먼저 뛰어가서 힌트를 줄 테니까 너희는 천천히 와."

파랑이 앞서 뛰어갔다.

"쟤는 컴퓨터 동아리 안 든다고 그렇게 팅기더니 제일 열심이네."

순식간에 사라져 버린 파랑의 뒷모습을 보며, 란희가 귀엽다는 듯 말했다.

"그냥 뭐든 열심히 하는 성격인 거 아니야?"

"그런가."

정태팔은 파랑이 내민 종이를 확인하고는 컴퓨터실로 들어갔다. 이젠 노을을 믿는 수밖에 없었다. 세 사람은 불안한 마음에 복도를 서성거렸다.

정태팔은 컴퓨터실 앞쪽에 자리를 잡고 앉아 신문을 읽기 시작했다. 아이들이 준 힌트를 받은 지 10분이 지났지만, 노을은 아직 갈피를 잡지 못했다.

'애들이 준 힌트는 본관 건물 9개의 교실들이야. 아마도 여기 교실들이 IP 주소 숫자 9개를 나타낼 거야. 그러면 밑에 적힌 이 시간이 IP 주소인가? 근데 왜 4군데만 적혀 있지? 다른 교실은?'

컴퓨터실의 시계 초침 소리가 노을을 더욱 긴장되게 만들었다. 째깍째깍. 시간은 계속 흘러갔다.

"아, 진노을 뭐 하고 있는 거야!"

창문을 통해 안을 들여다보던 란희가 분통을 터뜨렸다.

"힌트 준 지 10분도 넘었어. 아무래도 못 푸는 거 같다."

란희의 등 뒤로 컴퓨터실 문이 열리며 정태팔이 나왔다. 인상을 잔뜩 찌푸린 얼굴에 아름이 반사적으로 꾸벅 인사했다.

"너무 시끄럽다. 다른 데 가서 기다려라."

파랑은 망설임 없이 곧장 계단을 향해 걸었다. 아름도 모기만 한 목소리로 '죄송합니다'라고 말하고는 돌아섰다.

"같이 가!"

란희가 소리치자 아름이 검지를 입에 갖다 대며, '쉬이이이이잇!' 하고 바람 빠지는 소리를 냈다.

운동장은 조용했다. 세 사람은 별관 앞에 서서 숨을 깊이 들이 마시며 찾아낸 힌트로 정답을 추론해 보기 시작했다. 본관 건물 은 여전히 9개의 교실에 불이 켜져 있었다. 파랑이 갑자기 홱 돌 아서며 아이들을 쳐다보았다.

"마방진이다!"

"아오, 깜짝이야!"

파랑의 외침에 란희가 화들짝 놀랐다. 파랑은 머릿속으로 뭔가 를 계산하는 듯하더니, 다시 다급히 말했다.

"마방진 원리야."

"무슨 소리야?"

파랑은 설명을 시작했다.

"9개의 교실은 가로 3칸, 세로 3칸으로 총 9개의 칸을 나타내는 거야. 가로, 세로, 대각선 위에 놓인 숫자들의 합이 모두 같아지게 하는 게 마방진이고. 9칸 중에 몇 개의 숫자만 알면 나머지 숫자는 유추할 수 있는 거지."

파랑은 얼른 암산을 시작했다. 일단 주어진 힌트를 보면 오전,

마방진

마방진은 정사각형 모양으로 숫자를 배열해 가로, 세로, 대각선의 합이 모두 같아지게 한 것을 말한다. 기원전 2000년 경 중국 하나라에서 매년 범람하는 황하의 물길을 정비하던 중에 이상한 그림이 새겨진 거북의 등껍질을 얻었다고 한다. 그림에는 1부터 9까지의 숫자가 가로 3칸, 세로 3칸 정사각형으로 배열되었는데 어느 방향으로 더해도 합이 15가 되었다. 당시 사람들은 이 신비로운 그림을 하늘에서 인간 세계에 내려 보내 준 것이라 믿으며 아주 귀하게 여겼다.

4	9	2
3	5	7
8	1	6

오후 시간이 나눠져 있다. 오후는 오전보다 늦은 시간이니 +, 오전은 -부호를 갖는다면 왼쪽 대각선의 오후 8시는 +8, 오후 3시는 +3, 오전 10시는 - 10이다. 이를 모두 더하면 (+8)+(+3)+(-10) = +1. 즉, 모든 줄의 합이 +1이 되도록 빈칸을 미지수 x, y로 두고 방정식을 세워 구하는 것이다. 하지만 다른 줄은 모두 +1이 되는데 오른쪽 대각선 세 수의 합만은 +9가 나왔다. 무언가 틀린 것이다.

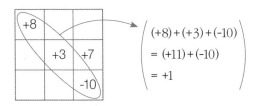

$$
\begin{aligned}
&(+8)+(+3)+(-10)\\
&= (+11)+(-10)\\
&= +1
\end{aligned}
$$

+8		x
y	+3	+7
		-10

$$
\begin{aligned}
x+(+7)+(-10) &= +1\\
x+(-3) &= +1\\
x &= +4
\end{aligned}
$$

$$
\begin{aligned}
y+(+3)+(+7) &= +1\\
y+(+10) &= +1\\
y &= -9
\end{aligned}
$$

+8	x	+4
-9	+3	+7
y		-10

$$
\begin{aligned}
(+8)+x+(+4) &= +1\\
x+(+12) &= +1\\
x &= -11
\end{aligned}
$$

$$
\begin{aligned}
(+8)+(-9)+y &= +1\\
(-1)+y &= +1\\
y &= +2
\end{aligned}
$$

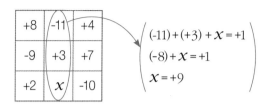

$$
\begin{array}{ccc}
+8 & -11 & +4 \\
-9 & +3 & +7 \\
+2 & x & -10
\end{array}
\qquad
\begin{aligned}
(-11) + (+3) + x &= +1 \\
(-8) + x &= +1 \\
x &= +9
\end{aligned}
$$

$$
\begin{array}{ccc}
+8 & -11 & +4 \\
-9 & +3 & +7 \\
+2 & +9 & -10
\end{array}
\qquad
\begin{aligned}
(+2) + (+3) + (+4) & \\
= (+5) + (+4) & \\
= +9 &
\end{aligned}
$$

마방진은 맞는 것 같은데, 역시 문제는 '오전과 오후 시간을 어떻게 달리 나타내느냐'였다. 파랑은 다시 생각에 잠겼다 +, -는 0을 기준으로 얼마만큼 큰지, 작은지를 의미하는 것처럼 오전과 오후를 나누는 기준은 낮 12시, 정오다. 그럼 정오를 0으로 하고 오후 3시는 정오에서 3시간 더 흐른 것으로 +3, 오전 10시는 정오에서 2시간 전이니 -2로 해서 빈칸을 계산해 보면 어느 줄을 더해도 +9가 되는 해답을 얻을 수 있었다.

이 9개 숫자의 부호를 없앤 절댓값을 4층부터 차례대로 IP 주소 빈칸에 입력하면 되는 것이다.

본관 건물

4층	3-2 ⏰ 오후 8:00 +8	3-3 -3	3-4 +4
3층	2-2 -1	2-3 ⏰ 오후 3:00 +3	2-4 ⏰ 오후 7:00 +7
2층	1-2 +2	1-3 +9	1-4 ⏰ 오전 10:00 -2

IP 주소 : 211.834.137.292

파랑의 설명에 아이들은 고개를 끄덕였지만 이내 안타까운 표정으로 변했다.

"그걸 우리가 알아서 뭐해. 노을이가 알아야지."

아름은 실망한 목소리였다.

"맞아. 알려 줄 방법도 없고."

한참 고민하는 사이, 란희가 파랑의 어깨를 툭툭 쳤다.

그녀는 좋은 생각이 떠올랐는지 본관 건물을 가리키며 씩 웃었다. 아름과 파랑도 란희를 따라 본관 건물을 쳐다보았다.

"저 교실들 컴퓨터실에서도 보이겠지?"

"응. 노을이가 앉아 있는 자리에서도 보이긴 할 거야."

"그렇다면 가르쳐 줄 방법이 있어."

란희가 의기양양하게 본관으로 향하자 두 사람도 뒤를 따랐다.

얼마 후, 컴퓨터실에서 비스듬히 보이는 본관 건물에서 불빛이 깜빡이기 시작했다. 그것도 좀 전에 불이 켜져 있던 9개 교실 중 대각선으로 놓인 교실의 창문만 깜빡이고 있었다. 왼쪽 위에서 오른쪽 아래로 내려가는 대각선의 교실 창문에서 불빛이 한동안 깜빡거리다가 꺼졌다. 그다음에는 4층의 가로 3개 교실이 깜빡였다. 4층이 끝나면 3층, 다음은 2층으로 이어졌다.

깜빡거리는 불빛의 교실들을 연결하면 가로 3칸, 세로 3칸, 대각선 3칸이었다. 란희가 생각해 낸 방법은 마방진에 대한 힌트를 주는 것이었다. 란희는 열심히 형광등 스위치를 누르며 자신의 방법이 내심 불안했는지 간절히 소리쳤다.

"진또라이, 제발 봐라."

란희의 외침은 아래층 교실에서 형광등을 깜빡이고 있는 파랑에게까지 들려왔다. 파랑은 가만히 혼잣말로 중얼거렸다.

"마방진이란 걸 알아내도 오전과 오후의 개념을 알아차리지 못하면…."

그 시각 노을은 힌트 종이, 모니터, 시계를 번갈아 보며 불안해하고 있었다. 창문 너머에서 불빛이 깜빡인다는 사실은 전혀 알아차리지 못했다.

'교실 칸 안에 적힌 시간이 IP 주소라고 해도 아직 4개밖에 모르잖아. 나머지 5개는 어떻게 알아내지? 시간을 이용해 찾아내는 것 같긴 한데…. 어떤 규칙으로 남은 칸에 숫자가 채워지는 걸까? 아니 근데 오전, 오후 시간은 또 뭐가 다른 거야? 아, 완전 모르겠다.'

노을은 숫자만 생각하기로 했다. 하지만 시간이 갈수록 집중력이 떨어졌다.

'아, 망했다. 도대체 어떻게 푸는 거냐고! 못 풀고 나가면 란희가 엄청 비웃을 텐데.'

정태팔은 그런 노을의 고민을 외면한 채 신문만 읽고 있었다. 제한 시간은 이제 10분도 채 남지 않았다. 핸드폰이라도 있었다면, 피피에게라도 도움을 청했을 텐데.

째깍째깍, 흘러가는 시간을 지켜보던 노을의 머릿속에 갑자기 아이디어가 번뜩였다.

노을은 오른쪽에 있는 다른 컴퓨터에 전원을 슬며시 넣었다. 다행히 정태팔은 신문을 보느라 눈치채지 못했다. 그리고 슬쩍 옆 컴퓨터의 인터넷 창을 클릭했다. 역시 다른 컴퓨터는 인터넷에 접속되어 있었다.

노을은 재빨리 학교 전산실 서버 IP를 추적했다. 그리고 학교 내 전산망을 뚫고 들어가 서버를 원격으로 조정하기 시작했다. 이미 몇 번이나 뚫고 들어갔었던 노을에게 학교 전산망 해킹은 어려운 일이 아니었다. 게다가 테스트로 받은 과제는 IP 주소를 알아내는 게 아니고 15번 컴퓨터를 인터넷에 연결하는 것이었다.

15번 컴퓨터에 할당된 IP 주소를 모른다면 서버에서 15번 컴퓨터에 새 IP를 할당하면 되는 것이다. 노을은 새로 할당한 IP 주소를 머릿속에 집어넣고 오른쪽 컴퓨터를 껐다. 다시 15번 컴퓨터로 돌아온 노을은 새로 할당받은 주소를 하나하나 입력했다. 확인을 누르자 인터넷 연결 아이콘이 나타났다. 노을은 인터넷 창을 새로 열었다. 그러자 화면이 바뀌었다.

— 컴퓨터 동아리 승인처리 되었습니다. 동아리 이름을 입력하세요.

노을은 흡족한 미소를 지었다. 하마터면 정태팔 앞에서 소리라도 지를 뻔했다. 노을은 동아리 이름란에 글씨를 입력했다.

파란노을.

누구일까?

"풀었어?"

아이들의 들뜬 목소리가 어두운 교정을 울렸다. 테스트를 마치고 건물을 나온 노을은 마치 개선장군이라도 된 양 으스댔다.

"이 몸이 해내셨다. 나를 찬양하라!"

"장하다. 오구오구."

란희가 엉덩이라도 토닥여 줄 듯이 다가가자, 노을이 기겁하며 물러났다. 한참 웃고 떠들던 네 사람은 기숙사를 향해 움직였다.

그때, 어둠 속에서 날카로운 목소리가 들려왔다.

"누구냐!?"

이어서 경비원의 호루라기 소리가 요란하게 울렸다.

'무슨 일이지?'

란희가 인상을 쓰며 주위를 두리번거렸다. 한 남자가 어둠 속에서 툭 튀어나왔다. 곧이어 나타난 남자도 아이들을 향해 달려왔다. 놀란 아이들이 주춤 물러섰다.

"어, 어."

아이들이 당황한 사이에 가까이 다가온 남자가 아름과 란희를 밀치고 달려갔다. 그 바람에 아름과 란희가 화단으로 넘어졌다.

"아악!!!"

란희와 아름이 외마디 비명을 질렀다.

"괜찮아?"

옆에 서 있던 노을이 손을 내밀었다. 다행히 아름과 란희 모두 다친 곳은 없는 모양이었다. 비명을 들었는지 경비원의 호루라기 소리가 점점, 가까워지고 있었다.

"거기 서!"

낯익은 목소리에 아이들의 고개가 돌아갔다. 오른쪽에서 나타난 누군가가 뒤따라가던 남자 앞을 가로막았다.

"비켜!"

남자가 위압적으로 외쳤다. 하지만 어둠 속에서 날렵하게 움직인 그림자는 남자에게 주먹을 날렸다. 남자는 예상하지 못한 공격에 잠시 비틀거렸다. 하지만 쓰러지지는 않았다. 날렵한 그림자가 다시 남자에게 달려든 순간, 가로등 불빛에 얼핏 얼굴이 드러났다.

"김연주 선생님?"

혼이 나간 듯한 노을의 목소리를 신호로, 모두의 입이 한꺼번에 벌어졌다.

아이들은 놀라 그 자리에 굳어 버렸다. 날렵한 김연주의 움직임이 모두의 시선을 사로잡았다. 그때, 무서운 기세로 따라잡은 경비원이 아이들을 지나 남자에게로 몸을 날렸다.

바닥을 한 바퀴 구른 두 사람의 거친 몸싸움이 시작되었다. 키나 체격으로 볼 때 남자 쪽이 월등히 유리해 보이는 데다가, 중년에 가까운 경비원의 나이를 생각했을 때 남자가 압도적인 우위를 점할 거라고 예상할 수 있었다. 하지만 경비원은 여유롭게 남자의 주먹을 막고, 발차기를 날렸다.

아이들은 멍하니 그 모습을 바라보았다.

"헐. 경비 아저씨 몸놀림 좀 봐."

노을이 파랑의 옆구리를 쿡쿡 찔렀다. 눈앞에 벌어진 일에 놀란 것은 파랑도 마찬가지였다. 두 사람은 마치 전문 격투사들처럼 싸우고 있었다. 영화라도 보는 것 같은 기분이었다. 곧 다른 경비원이 달려왔고, 상황은 정리되었다. 다른 한 명은 놓친 모양이었다.

아이들은 눈앞에서 벌어진 일을 믿을 수 없어 그대로 멍청하게 서 있었다. 경비원 두 명이 남자를 끌고 갔고, 김연주는 아이들에게로 걸어왔다.

"괜찮니?"

언제나처럼 상냥한 목소리에 아이들은 더 당황했다.

"서, 선생님은 괜찮으세요?"

"나야, 막상 달리기는 했는데 도움도 안 됐고, 경비 아저씨들이

다치시지는 않았는지 걱정이네."

"선생님이 싸우신 거 아니에요?"

"설마, 어두워서 잘못 봤겠지. 난 뒤늦게 도착했어."

김연주는 란희와 아름의 교복에 묻은 흙을 탁탁 털어 주었다.
그리고 아이들이 다친 것은 아닌지 세심히 살폈다.

"가자. 기숙사까지 데려다 줄게."

김연주가 뒤를 돌아보며 말했다.

"선생님, 저 남자들은 누구예요?"

아름이 넋 나간 듯이 물었다.

"도둑이려나?"

김연주가 대수롭지 않게 말했다. 하지만 그녀의 표정은 딱딱하
게 굳어 있었다.

"뭘 훔친 거예요?"

"아직은 아무것도. 다행이지? 이제 괜찮으니까 걱정하지 말고,
일단 기숙사로 가자."

김연주는 기숙사 앞까지 아이들을 데려다 주었다. 그녀는 아이
들이 모두 들어가는 것을 확인하고 나서야 걸음을 옮겼다.

남자 기숙사에 들어선 노을이 파랑에게 말했다.

"이상하지 않냐?"

"뭐가?"

"이 학교 말이야. 보통 경비 아저씨들이 저렇게 싸우나?"

아무리 생각해도 조금 전의 그 움직임들은 평범해 보이지 않았다. 액션 영화의 한 장면이 눈앞에서 펼쳐진 것 같았다. 파랑 역시 이상하다고 느꼈지만 곧 의문을 거뒀다.

"채용 기준이 엄격했나 보지."

하지만 노을은 다시 호들갑스럽게 의문을 제기했다.

"나 어렸을 때부터 경호팀 아저씨들이 훈련하는 거 보면서 자랐거든. 경호팀 아저씨들이랑 움직임이 비슷해. 아니 더 나을지도 모르겠고. 그게 가능할까? 중학교 경비 아저씨인데? 게다가 나중에 달려온 아저씨도 대박이었어. 한 명이면 우연이라고 할 수 있겠지만 두 명이나 그런 실력자라고?"

문제는 그것뿐만이 아니었다. 두 명 모두 교문 앞을 지키던 경비 아저씨가 아니었다.

"상관없잖아. 경비 아저씨가 능력자면 좋지."

"그런데 처음에 달려든 사람 말이야. 김연주 쌤 맞잖아. 무슨 집단 착시도 아니고 모두 다 잘못 봤을 리가 없어. 목소리도 쌤이었다고."

"사정이 있나 보지."

파랑은 피곤한지 손을 흔들어 보이고는 먼저 계단에 올라섰다. 노을은 찜찜한 느낌을 지우지 못하고, 다시 뒤를 돌아보았다.

'뭔가 이상해.'

석연치 않은 느낌을 받은 노을은 발걸음을 빨리했다. 피피에게 방금 있었던 일을 말해 주고 싶었다. 노을까지 기숙사 방에 들어가자, 학교는 고요한 어둠 속으로 빨려 들어갔다.

이들의 파란만장한 중학교 생활은 이렇게 시작되었다.

— 2권에서 계속